THE MENTAL TOUGHNESS HANDBOOK

A Step-By-Step Guide to
Facing Life's Challenges, Managing Negative Emotions,
and Overcoming Adversity with Courage and Poise

心理韧性手册

一本教你如何面对逆境和迎接挑战的人生指南

[美] 达蒙·扎哈里亚德斯（Damon Zahariades） 著

罗君 译

電子工業出版社
Publishing House of Electronics Industry
北京·BEIJING

版权贸易合同登记号　图字：01-2020-6441

图书在版编目（CIP）数据

心理韧性手册：一本教你如何面对逆境和迎接挑战的人生指南 /（美）达蒙·扎哈里亚德斯（Damon Zahariades）著；罗君译．—北京：电子工业出版社，2021.7

书名原文：The Mental Toughness Handbook: A Step-By-Step Guide to Facing Life's Challenges, Managing Negative Emotions, and Overcoming Adversity with Courage and Poise

ISBN 978-7-121-40121-3

Ⅰ.①心… Ⅱ.①达… ②罗… Ⅲ.①人生哲学—通俗读物 Ⅳ.① B821-49

中国版本图书馆 CIP 数据核字（2021）第 113214 号

责任编辑：卢小雷
文字编辑：王　戬
印　　刷：北京虎彩文化传播有限公司
装　　订：北京虎彩文化传播有限公司
出版发行：电子工业出版社
　　　　　北京市海淀区万寿路173信箱　　邮编100036
开　　本：880×1230　1/32　印张：6.125　字数：133千字
版　　次：2021年7月第1版
印　　次：2022年10月第3次印刷
定　　价：56.00元

凡所购买电子工业出版社图书有缺损问题，请向购买书店调换。若书店售缺，请与本社发行部联系，联系及邮购电话：（010）88254888，88258888。

质量投诉请发邮件至zlts@phei.com.cn，盗版侵权举报请发邮件至dbqq@phei.com.cn。

本书咨询联系方式：（010）88254199，sjb@phei.com.cn。

译者序

继《不完美的乐趣》和《小习惯的革命》之后，这是我翻译的第三本达蒙·扎哈里亚德斯先生的书，还是要继续感恩电子工业出版社和卢小雷先生的信任，我们志同道合的目标都是通过积极知识的传播让人们更加幸福和成功的。

这本书和其他两本书都属于个人成长的重要话题，也彼此关联。我们要接受不完美的现状，培养自己的包容度和韧性，而小习惯是我们韧性的行为体现，我们在建立习惯的过程中也提升了韧性。相比其他两本书而言，这本书的主题更充满力量感。如果人生没有困难，谈何韧性？在翻译的过程中，我也一直在思考自己在人生的挫败和谷底时刻是如何熬过来的，我不敢说自己是一个特别有韧性的人，但在那些至暗时期，的确是内在的一点点韧性和坚持帮助我渡过了难关。其实，“越挫越勇”是一个迫不得已也自欺欺人的说法，如果每个人都能掌控自己的局面，没有谁愿意面对挫折。

在积极心理学的研究当中，韧性（grit）是决定人是否成功的最关键因素之一，甚至比智慧和勇气更有价值。的确，在我们看到的所有的成功案例当中，无论是个人的成长还是企业的崛起，都是靠长期的坚持和积累，并没有轻而易举的成功和富足。

韧性是一种优势，也是一种美德。韧性不仅是天赋，它也是可以后天培养和提升的品质，人们完全可以在逆境当中通过提升认知和刻意训练来提升韧性。一方面，从认知的角度，作者在书中提出了一个特别的概念——“情感冰山”（emotional iceberg），正是因为我们有了一些常年固有的错误认知，让我们失去了心理的弹性和韧性，比如：

- 我做的每件事情都应该是完美的。
- 生活应该是公平公正的。
- 如果我失败了，那是因为我本身就是个失败者。
- 表露自己的感情是软弱的表现。
- 我的同事们应该尊重我。
- 我应该避免冲突。

大家可以对照一下，自己是否也有以上类似的想法？而突破这些认知，就能够让我们的韧性释放出来，说直白些，就是让自己更坦然地接受不完美，同时变得更皮实。作者也强调：“我们要重新定义失败，并最大限度地利用失败作为一个机会。”当我们遇到障碍、挑战和挫折时，相信这个新的认知会增强我们的心理韧性。

谈到韧性，也势必要提及恐惧。正如作者所说的，“我们都是被吓大的”，而且很多人在成年后依然没有摆脱各种恐惧。大部分的恐惧其实也是我们想象出来的，深深地藏在我们的心底，支配着我们的决定和行动，阻止我们去冒险。生活是越来越好，我们很多人却越来越不敢面对生活当中的不确定性，稍微失去控制就诚惶诚恐。我们害怕生病、害怕失业、害怕分离、害怕穷困……然而我们害怕的所有这些事情，有不少是一个完整的生命历程所必经的，活得越长，经历得就越多。长命百岁固然好，但生命就是一个逐渐失去的过程，活得越长就失去得越多。100多岁的日本作家日野原重明就曾在访谈中提到：“活到一定的年纪，身边离去的人越来越多，而自己不得不面对更孤独的生活，但韧性可以帮助我们更坚强乐观地活着。说白了，哪有什么云淡风轻，都是历经磨难后，长出了更多的韧性，被迫成了更强大的自己。”

另一方面，从技巧的角度，作者也有很多特别的建议。比如积极的自我对话，不论是在工作还是生活中，只要感到不知所措时，就提醒自己，我们的技能、能力和知识终将帮助我们解决困境。告诉自己要保持冷静和放松，目前遇到的情况只是暂时的，所有的事情都会过去。我比较喜欢的方法有“把目标可视化”，这个方法我自己常用，给自己做一个“人生的梦想板”，放到每天都能看到的地方，当我遇到困难时，就会提醒自己要向着目标前行，知晓目标方能长久地忍耐。我也经常会鼓励自己迈出一小步，庆祝自己的小成功，不管是运动还是写作，只要每天都有所行动，无论成果大小，都给自己“点一个赞”。用行动让自己减少焦虑，同时也减少内在的自我批评。在本书中，还有很多帮助我们提升韧性的方法，相信总有几款适合爱读书的你去自己探索。

翻译这本书也时刻提醒我自己，成为一个更有韧性的人，成为一个更有弹性的人，成为一个更强大的自己。你和我，我们每个人在生理和物理层面的机能都是有限的，甚至特别脆弱和渺小，在精神和灵性层面却是无限强大的。写到这里时，我想到了霍金，想到了尼克·胡哲，想到了很多因为失去和缺失却获得更强大韧性的人，所谓励志的故事，其实就是英雄们的精神意志和心理韧性打动了我们。

2020年是一个逆境之年，对于全世界人民来说，都充满了生存的不确定性。疫情，已成为我们生活中不得不面对的一部分。戴口罩、勤洗手和分餐制这些方法能够防护好我们的身体，而心理韧性可以保护好我们的精神。

在这篇序的最后，我想特别祝福我的一位同龄好友，疫情期间他不幸得了新冠肺炎，还是重症，一度因病重而无法救治，后来有幸入火神山后痊愈，事后很久才和我通过微信联系上，言语之间，已然相当乐观。我们相互调侃道：“人生既已历经此劫，从此必将不同了，以后肯定更‘吃嘛嘛香’了。”佛法里也常讲，人生大事无非生死，历经过生死，其他都是小事了。

我想为所有苍生祈福，希望所有人都远离痛苦和磨难，希望所有人都万事如意和心想事成，但我也知道所有这些祝福其实都是美好的愿望，还是会有人经历病痛和苦难。所以，如果可以的话，我希望每个人都能有足够的心理韧性，这样无论面临什么困难，都能够靠自己的力量翻山越岭，乐观而又坚定地活好自己的一生。

人生苦短，人生好难，但凭韧性二字足以让我们直面人生，也可以让我们更皮实地活着。

愿每一位读者遇万事都有韧性！那些打不死我们的，也必将让我们变得更强大。

罗君（美宝老师）

2020年10月

每个能取得长久成功的人都具有心理韧性（mental toughness）。运动员、公司高管、教师、家长、学生、企业家、作者……无论属于哪个专业领域都没关系，一个人能保持长期卓越的表现足以证明他在精神上具有韧性。

想要保持长期的卓越别无他法，通往长期成功的道路也充满了障碍。

没有人可以跳过这些障碍。

在实现目标的过程中，心理韧性是帮你克服遇到的障碍所必需的品质。从字面上看，心态决定成败。

心理韧性的别名

心理韧性有很多近义词，有些词相较其他的近义词可能不太准确。下面举一些例子：

- 勇气（grit）
- 耐性（persistance）
- 韧性（tenacity）
- 毅力（perseverance）
- 坚忍（stoicism）
- 适应力（resilience）
- 坚决（resoluteness）
- 决心（resolve）
- 精神耐力（mental stamina）
- 精神坚韧（mental fortitude）
- 行为准则（discipline）

我将在本书的第一部分区分这些词汇的微小差异。现在，只要理解这个基本原理就足够了：心理韧性就是你面对逆境时的承受能力。

在第二部分中，我将说明个人耐性和决心等方面的相关细节。此外，第二部分还包括大量的练习，可以帮助你将所学到的知识付诸实践。

在第三部分中，我将会介绍一个十步训练计划，能帮你从零开始培养韧性，你还会学到如何在生活中保持这种刚刚培养起来的心理韧性。

这本书是讲什么的（或者不包含哪些内容）

本书的目的是帮助你在自己所关注的生活领域取得更大的成功。简而言之，我将为你讲述如何建立心理韧性，克服生活中遇到的障碍、挫折，并与生活中的不幸进行斗争。

你需要的不仅仅是一些积极向上的陈词滥调和自我激励的心灵鸡汤。说实话，这是一项艰苦的工作。一路上会有很多挫折，需要付出努力。但是拥有心理韧性带来的回报是很可观的，你会感到更有效率、更有力量、更有影响力。你会感到只要你下定决心就能实现任何目标。

从这种逐渐转变心态的过程中建立起来的自信——这是一个循序渐进的过程——将帮助你真正改变生活。这意味着你能否成为优秀的父母，作为企业老板你能否获得更大的成功，以及你与朋友和爱人之间的关系能否得到改善，这些都取决于你的关注点。

在我看来，大多数关于个人发展的书都太长了。那些书中不是一些奇闻逸事，就是一些能给你加油鼓气的“啦啦队”，还有以研究为导向的散文。

本书区别于其他的书。本书注重可行的建议，让你可以从今天就开始付诸实践。我的目标是，彻底又迅速地涵盖必要的内容，以便你能尽快地把这些建议应用到生活中。只要你读了这本简短的书，并根据书中的建议立刻采取有针对性的行动，我就再高兴不过了。

如何让本书适合你

本书包含大量的练习，请不要忽略它们，花点儿时间完成这些练习。大部分的练习很简单，只需要花一点儿时间和精力就够了。

我怀疑许多读者会因为这些练习很简单而忽略它们。我建议不要这样，自信地完成这些练习就会帮你增强心理韧性。本书不是技术层面上的指导书，它是把行动置于学习之上的。

为什么？因为如果你希望能用所学的知识来改变自己的生活，那么学会把这些知识付诸实践是必不可少的。

这些都是经验所得。我已经记不清读过多少本书，参加过多少场研讨会，学过多少指导建议，然而我从没有把学到的知识付诸实践。

所以，我要重申一下，一定要做这些练习，等你读完本书后，你就会庆幸自己做了这些练习。

你的任务，如果你想接受的话

成功在你的生活中总是稍纵即逝吗？你在你所关注的领域很难获得或者保持成功吗？生活总是猝不及防地给你出难题，让你感到灰心丧气、愤怒沮丧吗？

如果情况是这样的话，那现在就是个做出积极改变的完美时机。

无论你在哪里生活，无论你遇到了什么困难，你都可以改变你所处的环境，获得更大的成功。认识到这个事实可以让你保持务实的乐观主义心态。毕竟，你可以完全影响自己的心态。控制好它，这场战斗就胜利在望了。

本书会让你整装待发。它会给你准备必要的作战工具，给你提供一个有条理的计划，并且设置一些所需的训练，让你有能力挺过逆境。

我们将一起踏上这段旅程。我会当你的导游，确保你能最大限度地利用时间并合理分配注意力，而当你做完这些练习时，你会发现你的思维方式已经有所变化了。

那时，你已经开始真正拥有心理韧性了。

这听起来是不是很不错？那我们开始吧！

关于心理韧性的名人名言

“成功的人也会害怕，也会怀疑，也会担心，但他们不会让这些感觉阻挡他们前进的脚步。”

——T. 哈威 · 艾克（T.Harv Eker）

“如果你听到内心有个声音在说：‘你画不出来的。’那就一定要继续画，那个声音一定会停下来的。”

——文森特 · 梵高（Vincent van Gogh）

“没有什么能阻挡有正确心态的人实现他的目标，也没有什么能帮助有错误心态的人顺利达成目标。”

——托马斯 · 杰斐逊（Thomas Jefferson）

“一个人的脾气是由一个能把人逼疯的问题的严重程度来定义的。”

——西格蒙德·弗洛伊德（Sigmund Freud）

“心理韧性是指那种具有牺牲精神、自我否定精神和奉献精神的斯巴达精神。无所畏惧，心中有爱。”

——因斯·伦巴第（Vince Lombardi）

第一部分　心理韧性的基础知识

第二部分　养成心理韧性的核心因素

第三部分　提升心理韧性的快速入门指南

第一部分

心理韧性的基础知识

没有人天生就有心理韧性，都是随着时间的推移而发展出来的，就像锻炼肌肉一样。这是个好消息，因为这意味着任何人都可以做到，需要的就是投入。

之所以有这么多人没能培养出心理韧性就是因为这需要投入大量的努力和耐心，而且这个过程伴随着相当多的挫折，会有不愉快的经历。你是特殊群体中的一员，因为你愿意付出努力，忍受挫折，培养一种能让你终身受益的心态。

但重要的事情说在前面，在培养心理韧性之前，彻底了解它的方方面面很重要。这部分将主要关注这些内容。我将探讨心理韧性是什么，它是如何提升你的生活品质的。我也会描述那些具有心理韧性的人身上的特质，当你想掌握新技能的时候，你可以把它作为清单来对比检查自己的问题。

最后，我将强调几个心理韧性的敌人，这些都是当环境不尽如人意的时候会阻碍你坚持下去的障碍。在你读完第一部分之后，你就能敏锐地识别这些障碍。这种超前意识将帮助你克服这些障碍。

> 一个简单的小提示：你可能已经浏览了这本书的目录，如果你看过了，你应该已经注意到这书有好多章节。但你不必惊慌，大部分章节都很短，因为我主要关注“应用”。
>
> 轻理论，重实践。
>
> 出发吧！

什么是心理韧性（它和坚韧有什么区别）

我之前给了一个简单的定义：心理韧性就是你面对逆境时的承受能力。但这个定义中包含着很多内容，我来拆解一下。

第一，它包含你面对压力的反应。你是崩溃还是坚持？你是选择放弃还是坚持到底？

第二，它包含你面对情绪的反应。当你感到沮丧的时候，你会做什么？当你感觉生活对你不公时，你如何处理你的愤怒和失望？

第三，它包含你的适应能力。当生活中出现问题时，你是掸去身上的灰尘，重新回到正轨，还是因为困境而怨天尤人或者责备他人？

第四，它包含你的坚韧，当你在实现目标的道路上遇到障碍的时候，你是继续前进还是主动认输？

坚韧和心理韧性通常被认为是一码事，事实上不是的。坚韧是一种当你身处逆境时会自然倾向于坚持不懈的属性。心理韧性是一种精神状态，它确定了你在这种状态下态度的持久性，它描述了你生活的前景。

从这种意义上讲，它更接近于坚忍而非坚韧。

话虽如此，坚韧却是培养心理韧性的关键因素。它可以帮助你调节面对负面情绪时的反应，它让你有信心关注能取得的成就而非对失败的恐惧。如果没有健康的韧性是不可能有心理韧性的。

现在，我已经拆解了心理韧性的定义，让我用几个现实生活中的例子来把它具体化。

心理韧性的实例

你可能认识不止一位运动员，如果他们很注重自己的表现，他们就具有心理韧性。从足球运动员到花样滑冰运动员，都经受着身心的双重考验。在没有心理韧性的情况下，他们不能忍受受到的惩罚，不能忍受自己表现低于标准所带来的失望。

你可能也认识不止一位企业家，如果这个人在商业上已经小有成就，那可以肯定的是他一定有过很多次压力大的经历。企业家们面临着无数的障碍和挫折，他们想保持长期的成功所需要的就是坚忍和克服障碍的决心。

想想医生和护士，这些职业每天都要处理生与死的问题，这些都不是杜撰出来的。无论是在急救室还是在手术室，意外时有发生。意想不到的复杂情况往往在最坏的时刻发生，医生和护士能发挥作用的唯一有效途径就是调节情绪，接受当前的环境，并在事情出错时迅速采取行动。

以急救人员为例，其中包括消防员、警察、护理人员和其他受过高级训练的人员，他们的任务是到达紧急情况现场并提供专业救助。他们所处的工作环境压力很大，人们总是期待他们能在自己生命受到威胁时挺身而出。如果没有心理韧性的话，他们是做不到这样的。

如果你已经为人父母，毫无疑问你应该已经有了一套健康的心理韧性的养成方法了，即使它只集中于生活的单一领域。养育孩子的过程中充满了未知和恐惧，例如，孩子受伤或得了严重的疾病，父母要在恐慌和负面情绪下处理这些不可预见的创伤。为了将来能获得回报，父母常常要牺牲眼前的幸福。养育一个健康、自信、有能力、自立的孩子需要父母经受得起压力、恐惧和内疚的考验。

在生活的方方面面都有强大的意志

以上都是生活中一些你可能认识的人身上展现出来的强大意志的例子。其实，你可能就是其中的一员。但是在你生活中某个方面表现出的心理韧性往往会在其他方面束缚你。

例如，你在经营企业时能够忍受不利情况并不意味着你能忍受抚养孩子带来的挑战。同样地，在急诊室里能够保持沉着冷静的医生可能无法忍受婚姻问题带来的痛苦压力。

这本书将告诉你如何在生活的方方面面都变得精神上更强大，一旦你成为这样的人，你就能享受内心的平静，因为你知道自己可以泰然自若、优雅自信地处理任何情况。

心理韧性强大的十个益处

正如我之前讲过的那样，培养心理韧性需要付出工夫和耐心，还会伴随着挫折。唯一能让你想要忍受这种经历的原因就是这样做可以显著改善生活，为此，请赶快来看看当你内心更强大以后，能让你在未来的日子里获得的十个益处。

益处1：对负面情绪有更强的抵抗力

情绪是一把双刃剑。一方面，它让你享受到了快乐，激励你采取行动，让你对别人有同理心。另一方面，它也会给你捣乱。愤怒、羞愧、恐惧、焦急这些负面情绪会促使你做出可怕的决定、隐藏错误，并且当事情出错时会想要放弃。

当你精神更强大的时候，你就能更好地控制自己的情绪了。虽然你还是会有负面情绪，但是它在你身处逆境的时候对你行为举止的影响就小了。

益处2：表现更好

能否表现得更好取决于你的心态，这也取决于你如何应对挫折。无论你是运动员、外科医生、厨师还是音乐家，你能否表现出最佳状态完全取决于事情出错时你的感受和反应。如果你遇到挫折就退缩，你的表现就会受到影响，更糟糕的是，你永远无法充分发挥自己的潜力。

心理韧性会让你为面对挫折做好准备。当你遇到挫折时，你会更优雅、自信地面对它们，而不是萎靡不振。你将能够更好地迎接挑战。

益处3：要相信环境是会变好的

如果你不能适应逆境，那当事情出错的时候，你就会受到致命的打击。你可能会想要放弃，认为生活是不公平的。你可能会轻易认输，告诉自己坚持也没有意义，处境不会有所好转的。

但这是一个错误的假设，情况总是变化的，而且都是你采取行动之后的结果。你所面临的压力环境会变得更紧张还是更放松，取决于你如何应对压力的刺激，你所处的不安情况会变得更不安还是更轻松，取决于你如何应对环境。

当你在心理上能适应困难情况时，你就能忍受了，并且相信随着环境的必然改善，你当初下定的决心就会得到回报。

益处4：管理压力的能力更强

压力源于对结果的期待，不论是实际结果还是你想要的结果，这是因为你知道自己所做的任何事情都是高风险的。如果你表现不好，坏事就会发生。

例如，销售人员必须要冒着失去工作和收入的风险完成销售指标；消防员必须高效执行任务，否则其他人就有可能失去生命；运动员必须要有高水平的表现，否则就有被竞争对手超越的风险。

精神力量支撑着你承受压力，在它的庇护下你可以茁壮成长而不是向困难低头。韧性会帮你在压力大的情况下获得动力，保持乐观和自信。

益处5：不要自我怀疑

没有人能完全摆脱自我怀疑，就算你给我说有个人总是看起来很冷静，甚至有些傲慢，我都可以肯定地告诉你这个人肯定也偶尔（也许是经常）怀疑自己。

自我怀疑会影响你的方方面面，你不确定自己是否有足够的能力，你总是怀疑自己能否实现目标，你甚至总是考虑最坏的情况，内心的自我批评会打击你的信心。

心理韧性并不能消除自我怀疑，但是它能防止你因为自我怀疑而影响表现。它给了你一个机会，去承认即使有可能会失败，恐惧也只是来源于缺乏安全感而并不是有证据表明你注定会失败。成功的可能性可能比你内在的自我批评还要高得多。

益处6：更明确你的意图和目的

当你不确定自己为什么要面对逆境时，做这件事是很困难的。如果你不清楚自己为什么要努力时，就很难有行动的动力。

例如，你找了好几个月的工作，看起来希望渺茫，储蓄账户里剩的钱也越来越少，你很容易就灰心了，想要放弃。这就是绝望的力量，因为它专注于失败，在这个过程中你的目标就变得模糊不清了。

当你内心更强大时，你就能专注于自己想实现的某个目标。你就不太容易受到绝望感的影响，因为你知道你正在采取行动，这个认识让你有动力面对任何挑战。

益处7：无所畏惧

对未知的恐惧是发掘潜能最常见的障碍之一。它会以不同的方式表现出来，但是其中有一种我们熟悉的方式：当我们走出舒适区时就会感到惊慌。

人类非常看重舒适感和可预测性，我们可能会喜欢惊喜和自然的感觉，但是事实上，大多数人都是习惯动物。我们遵循惯例，这些惯例会让我们感到舒适，并能让我们感到环境可控。为此，尝试新事物的这种想法会让我们犹豫不决，我们害怕未知。

心理韧性可以消除这种恐惧，它给了我们走出舒适区、尝试新事物的勇气。为此，它也给了我们养成和发展新技能，获取新知识和视野的机会。

益处8：接受失败并从失败中吸取教训

失败是生活中必不可少的一部分。当你试图做一件事时，永远都有失败的可能性。

大多数人会竭尽全力地避免失败，他们认为这是对他们性格和价值的否定。因此，他们避免冒险和犯错，即使这样做会阻碍个人的成长和职业的发展，失败对他们来说是不可接受的。

心理适应能力可以让你明白失败只不过是一种努力后会出现的潜在结果，让你准备好接受失败，并且能从错误中学习。不要把失败看成对你性格和价值的一种判断，你要把它看成一个机会，一个帮你纠正问题改进未来表现的机会，这样对失败的看法就无法对你产生任何影响了。

益处9：增强延迟享乐的能力

如果可以选择，我们一般选择及时享乐而非延迟享乐，这是人的本性。问题是，这种本能的选择经常会带来负面的后果。

它会促使我们放弃目标，因为要实现目标需要付出太多的努力。它打击了我们的耐心和热情，因为我们认为忍耐是一种不必要的痛苦。它阻碍我们为实现目标而努力工作，因为我们被眼前的快乐迷住了。

精神力量会放大我们延迟享乐的能力，我们将不再受冲动感的支配，这样我们就能抵制周围的诱惑，把精力和注意力投入将来能获得更大回报的事情上。

益处10：让往事随风

我们总是喜欢抓住那些给自己带来情感痛苦的事情不放

手，比如那些引发了可怕后果的错误、被他人轻视的感觉，以及很久以前自己做过的后悔的决定。这些事情有时会定义我们，它们成了我们身份的一部分，一旦如此，就会夺走我们内心应有的平静和自信。

当我们养成了心理韧性，就可以很容易地忘记这些事情。与其纠结于过去的痛苦和遗憾，不如把它们看成成长路上的垫脚石。每个错误都会给我们提供新的视野，给我们上一课，察觉到的每一点冷落都会成为一次经营重要关系的机会，每一个错误的决定都是一个重新审视自己意图并确保它们符合我们的价值观的机会。

最后，当这些东西达到了它们的目的后，我们就可以重新出发了，把它们都留在它们该待的地方——过去。

这部分内容比较长，但重要的是要认识到拥有心理韧性可以给你带来什么好处。接下来我们来了解具有心理韧性的人都有哪些共同特点。

心理韧性强者的七大特质

想想那些生活中成功的典范，他们可能是一位在很有竞争力的市场里做生意很成功的家人，可能是一位不断实现设定的个人和职业目标的朋友，可能是一位工作效率极高的同事。

但其实他们和所有人一样都会面临逆境，在他们的生活中也会出现差错，意想不到的状况也频频发生，给他们带来影响。失败随处可见，不可避免。

然而，尽管有这些障碍，但他们还是成功渡过了难关。

这些人都养成了心理韧性，他们学会了当面对逆境时要增强适应能力。他们能够以勇气、韧性和信心来面对困难，对自己充满信心，并确信困难和失败是不可避免的。

这些人很值得我们拿放大镜来仔细观察一番，了解他们是如何成功的。为此，我总结了构成他们心理韧性的七个关键因素。

特质1：从无能为力的事情中解脱出来的能力

像我们一样，心理韧性强大的人也对各种事情都充满热情。例如，一些人会收听最新的政治新闻，了解观点，倾听专家们的看法以期获得最新的见解。对另一些人来说，全球变暖、贩卖人口和粮食安全等重大问题更能吸引他们的注意力。

心理韧性强大的人之所以与众不同，是因为他们很快就能意识到，尽管他们对这些感兴趣，但他们也不会让这些影响其他大多数事情。这种个人的让步可以让他们尽力而为后不强求结果，给了他们机会可以自由地把精力投入更重要的事情。

以全球变暖为例，就个人而言，你可以投票，可以签署请愿书，可以减少你的碳足迹，但你缺乏对这个问题产生全球范围实质性影响的能力。花费无数时间想要推进这件事的发展，却得不到公平合理、意义非凡的结果，这只会让人感到绝望。

心理韧性强大的人知道什么时候解脱自己，继续前进。

特质2：灵活处理突发事件

生活总是喜欢刁难人。当你确信事情会如预期一样顺利的时候，你就总会遇到不可控的情况，把事情搞得一团糟。

大多数人会对意外感到惊讶，甚至被意外搞得举步维艰。

这就是精神强大的人与众不同的另一个地方。他们会意识到制订计划是有用的，但是即使准备得再充分，他们也会被突如其来的意外打乱，所以他们学会了适应。他们训练自己心理上的灵活性，这样等他们遇到意外时，就能做出调整。

你曾经见到过熟人在他们追求的事情上一直都很成功吗？你有没有想过，当他们遇到一个又一个障碍时，是如何保持冷静的？这在很大程度上是因为他们的适应能力，对意外做好了心理准备。

这是心理韧性强大的关键特征。

特质3：强烈的自我意识

自我意识是指你对自己情绪状态的认识，是决定你采取行动的动机，也是影响你个性和气质的因素。这是个宽泛的定义，但已经足够了。

内心强大的人自我意识极强。他们一定是这样的，他们采取及时有效的措施处理眼前情况的信心就来自这种意识，他们相信自己能够适应不断变化的环境，克服障碍，这不仅是因为他们具有这样的优势，也是因为他们勇于承认自己的弱点。这让他们能够控制自己的情绪，消化压力，并适应事情出错时的情况。

大多数人觉得自己有很强的自我意识，但在我看来，很少有人真正如此。当然，大多数人能识别出触发他们情绪变化的因素。他们知道哪些诱因能让他们感到生气、紧张或者高兴，他们也能意识到他们自身既有好的特质也有坏的特质。但真正的自我意识蕴含的内容比这些更深厚，具有心理韧性的人时常通过测试自己的心理状况并制订补偿策略来帮助他们应对逆境。

特质4：愿意面对不确定的环境

我谈到了精神强大的人是如何获得适应意外事件的能力（特质2）的。他们愿意面对不确定性，他们明白，自己的计划也不是万无一失的。相反，他们本能地知道所有的计划都是不可靠的，因为它们很容易因为突发事件而失败。正如十九世纪的普鲁士军队总参谋长赫尔穆特·卡尔·贝恩哈特·冯·毛奇所说："没有任何作战计划在与敌人遭遇后还仍然有效。"

尽管承认了这点，他们还是会勇往直前，他们在知道了潜在的失败无处不在的情况下准备采取行动。

这是个不同寻常的特质，没有人天生就有这种特质。相反，它是随着事件的推移而形成的，而且通常是在不利环境的挑战下形成的，这些不利环境会持续地削弱情绪上、心理上，甚至身体上的挫败感。如果你说有人内心很强大，我就会告诉你他一定是成功地克服了很多的困难和挑战才做到的。

特质5：从失望中振作起来的能力

生活总是处处不如意。有些只是小小的失望，对你的生活带来的影响微不足道，而另一些则是很大的失落感，可以连续几周都支配你的思维空间。假设你辛苦工作了多年，一直想升职，但当晋升的时机终于到来的时候你却没抓住，或者想象一下，你作为一名希望参加奥运会的运动员，认真训练了多年，但当你没获得资格时，梦想就破灭了。

这些类型的失落感可能会给你带来巨大的创伤，这样你以后就不敢冒险了。它们会让你寸步难行，无法设定目标，制订计划，采取行动。简而言之，你在将来的道路上会竭尽全力地去避免再经历这样的失落感。

内心强大的人会有不同的观点。像所有人一样，他们也会有那种或大或小的失落感，这是不可避免的。但是，他们也意识到了这种事是重要的学习机会，并且通过这些事情测试自己，失望的结果经常可以表明哪些策略不管用，哪些方法是无效的，哪些错误是可以避免的。

这种健康的观点可以让具有心理韧性的人更容易从失败中振作起来。

特质6：掌控情绪

每个人都有负面情绪。它源于失望感，没达到的期望，不可预知的事件让生活乱成一团。

例如，你可能因为在绩效考核中表现得很差劲而沮丧，可能因为花了好几天时间认真准备考试，结果考得分数很低而对自己感到很生气，可能会因为高速公路上发生了意外导致交通不畅而错过了一个重要的约会而深感懊恼。

大多数人在生活中会受情绪的支配。当你有沮丧、愤怒和懊恼等负面情绪时，这就是个问题了。这些感受阻碍你前进，它们阻止你做出理性的决定并采取有效的举措，也会进一步妨碍你个人的成长和职业上的发展。

内心强大的人能够控制自己的情绪。他们的情商（Emotional Intelligence，EQ）比大多数的同龄人都要高。这并不是说他们就没有负面情绪，只是他们能意识到这些感受的存在，能够根据这些感受调整自己，向着目标继续前进。

特质7：实用的乐观主义

我们很容易陷入周围的消极情绪之中，我们每天都会受到它的狂轰滥炸。无论是最近的政治丑闻还是即将到来的经济衰退报告，我们都会因此自然而然地产生低迷悲观的情绪。

话虽如此，有心理韧性的人一直都保持着积极的态度，他们对未来充满期待。当然，我得说清楚，他们不是那种在世界都要毁灭了时依然积极乐观、热情洋溢的那种人。相反，他们是谨慎的乐观主义者。他们会从其他人只能看到灾难和无望的地方看到机会。内心强大的人是乐观的实用主义者，他们会保护自己的思想不受消极情绪的影响，拒绝沉沦在消极之中。同时，他们还对自己的能力和判断力充满信心，尽力处理好每种情况。

关于心理韧性的好消息

没有人天生就具有心理韧性，它是后天养成的。这对你来说是个好消息，因为这意味着你可以控制它。你可以把上面提到的七个特质都融入日常生活中去。当事情出错时，不要因为恐惧、沮丧和缺乏信心而寸步难行，你可以养成所需的心理韧性来改善自己的表现。

我已经讨论了内心强大的人具有的常见特质，下面，我来换个话题。让我们看看在培养心理韧性的道路上你会遇到哪些障碍。

心理韧性的八大宿敌

在面对坎坷和挫折时，要对自己能坚持走过漫漫长路的能力保持自信。如果养成心理韧性很简单的话，那么每个人都会去尝试，很少有人会产生放弃的想法。但事实是，生活的道路上布满障碍，令人猝不及防。你必须训练自己的心性，这样当事情出错时，当你的自信和乐观逐渐退去时，你才能承受绝望和无助。

一路上你会遇到很多敌人。事实上，有几个你已经很熟悉了。每个敌人都试图恐吓你，迫使你在情况变糟时选择投降。

下面，我们来看看在培养心理韧性的过程中最常见的八个宿敌。在本章结束的时候，你可以清楚地知道，在逐渐增强决心的过程中会存在哪些危险。如果你能在它们出现之前识别出来，你就能更好地战胜它们。

宿敌1：自怜

为自己感到难过会劳神费力，会耗费很多能量，它还会摧毁你的决心，让你更有可能放任自己失败，而不是在遇到困难时坚持不懈。你最终会陷入不利的环境，而不是坚定自己的思想，找到解决问题的方法。

这会影响你的行为。你关注的不再是撸起袖子继续努力，而是关注事情出错了这个事实。你沉浸在消极情绪中，无法采取必要的行动来应对不利的情况。

这就是自怜的内在危险，它是心理韧性的祸根。

宿敌2：自我怀疑

如果你对自己的能力和技巧缺乏信心，当不利的情况出现时，你就很难保持内心的强大。但是，能力和技巧的缺乏几乎不是决定走向失败还是克服障碍的主要因素，决定性的因素通常是不安全感，不安全感会让你不愿有所作为，这对你来说是一个更大的威胁。

自我怀疑并没有什么错，这是自然而然的，是你的大脑在保护你的同时又让你准备好做出努力的一种方式。财富榜500强企业的CEO、世界级运动员、顶级电影导演，甚至是总统都会有自我怀疑的时候。

当自我怀疑在你的思想中占据了稳固的地位，让你举步维艰的时候，麻烦就开始了，你会把所有的精力都花费在察觉自身缺陷上，不安全感会让你感到无能为力。

宿敌3：内在批评

这个宿敌和上面提到的第二个宿敌有关联。但你也应该对此予以注意，因为它会对你的认知力造成严重的影响。

每个人都有自己的内心世界，它是我们头脑中的声音，会告诉我们自己还不够好，不够聪明，不够有吸引力，它喋喋不休地试图说服我们自己配不上所追求的成功，它对我们所做的每件事都吹毛求疵，并扬言其他人也会这样。

在你养成心理韧性的过程中，你内心的批评可能是你最具挑战性的对手，它不仅会让你表现得消极（感知层面的和真实层面的），而且还会试图让你做同样的事情。一旦你的思想集中在消极方面，你的内在批评就会成功地分散你的注意力，使你无法坚定自己的决心。

要想变得内心强大，就需要平息内心消极的自我谈话。在本书的第二部分中，我会分享一些方法，教你如何告诉内在批评谁才是老大。

宿敌4：恐惧

恐惧有很多种形式。你害怕让别人失望，你害怕不能满足他人的期望，你害怕失败，你也害怕成功，你害怕陌生和未知。

不管它以什么形式出现，恐惧都会破坏你的心理韧性，它会侵蚀你的决心，释放不良情绪，让你把关注点放在潜在的负面结果上，你会被可能发生的灾难压得喘不过气来。

恐惧会扭曲现实，这意味着灾难和毁灭一定会随着你的恐惧接踵而至，如果你让恐惧在头脑中站稳了脚跟，那你在采取行动之前就会觉得自己注定失败，但是事实上，你所做的一切会引发灾难的概率十分小，根本不足为虑。

恐惧会引发所有潜在的负面影响，并放大其对你的影响。例如，如果你要做一个演讲，你的恐惧会告诉你，你会被观众嘲笑，会被贴上“永久的失败者”的标签。在现实中，即使有些事情没有按计划进行，你也有可能给观众留下良好的印象。

恐惧是一种阻碍心理韧性发展的情绪，一旦养成了心理韧性，恐惧就不足为惧了。

宿敌5：懒惰

犯懒也没什么错，抓住机会放松也没什么错，你必须按时休息，否则就会筋疲力尽，而筋疲力尽会比懒惰对你的表现力和生产力形成更大的威胁。如我所说，如果不加以控制，懒惰会滋生更多的懒惰。

假设你的闹钟在早上响了，你没有立即起床，而是按下了闹钟，几分钟后它又响了，你又按了。如此循环，那么当你最后终于起床时，你已经懒洋洋的了，快迟到了。早上会成为一天的起点，这种懒惰感会持续影响你接下来一天的表现。

在这种情况下，早上的懒惰为平常的懒惰打开了大门：当事情出错时，这种懒散的感觉将使你很难坚持住，你的懒散会促使你认输，而不是在逆境中坚持不懈。

宿敌6：完美主义

我们都想表现得完美无缺。在工作中，我们希望能做完美的报告；在家里，我们希望生活的空间一尘不染；在参加体育运动时，我们希望能展示完美的执行力；在学校里，我们想要在每项作业和考试中都能取得好成绩。

总而言之，我们总是想变得完美。

大多数人愿意承认自己的不完美，但对小部分人来说，不完美的想法对他们来说犹如情感上的诅咒，他们是不能接受的。所以他们会努力做到完美，一方面是为了满足自己的期望，另一方面是为了避免让别人失望。

问题是，完美主义是心理韧性的一大祸害，没有什么比纠缠不休的想法更能让人不愿意采取行动，侵蚀我们的心理韧性的了。完美主义者认为任何不完美都是不可接受的，这种自我折磨滋生了自我怀疑，并且让内心的批评家有机可乘。

宿敌7：意气用事

情绪可能是你最好的盟友，也可能是你最坏的对手。积极的情绪可以让你自信、知足和对未来保持乐观的心态，其他时候你会有愤怒、悲伤和嫉妒的情绪，这些负面的情绪会让你产生沮丧、怨恨的感觉，并会引起不必要的焦虑。

正如前面所提到的，负面情绪本身并不是问题所在，它是正常心理的组成部分。经历挫折并不会妨碍你对心理韧性的发展。

真正的问题在于你无法控制这些情绪，当你情绪失控时，就很容易迷失在消极的漩涡中，你在消极情绪上投入的精力越多，在面对挑战和困难时保持内心坚韧和意志坚强的能力就越弱。

简而言之，你在生活中处理困难的能力变差了。

宿敌8：自限性信念

每个人都有自己独特的优缺点，每个人都有自己与能力相关的信念，这些信念往往与现实不符，你会自动假设自己不会有所损失。所以当你这样想的时候，你的信念就会阻碍你朝着目标采取有针对性的行动。简而言之，它限制了你。

假设你正考虑开始从事一项副业，以下是一些常见的自限性信念：

- “我太老了，不能创业了。”
- “我没什么经验，我会失败的。”
- “我的产品创意太傻了，没人会买我的产品。”

这些信念给你构建了一幅不真实的画面，它们强调那些不真实或毫无根据的猜测。其实，多大岁数创业都不算晚，数以万计的人在没有经验的情况下创业成功，你不把产品提供给大众就永远无法知道人们会不会买你的产品。

自限性信念的问题是，它在你开始行动之前就击败了你，它说服你，你还没准备好，还没办法完成要实现的目标，除非你克服这些妄自菲薄的想法，否则你永远无法在遇到困难和压力时坚持下去。因此，你会在不经意间限制了自身的成长，无法激发自己的潜力。

前进的道路

我前面已经提到了你需要进行练习来训练你的大脑经受住困难环境的考验，并在你想放弃的时候知道如何坚持住。在“第二部分：养成心理韧性的核心因素”中，我们将一起讨论这个过程，一步一步地朝着这个方向前进。

请注意，这可能是一条漫长而艰难的道路，这需要自我反省、耐心，及对你即将学到的战术策略的长久应用。但当你走完这段路时，你就会拥有勇敢地克服生活中各种各样的逆境所需要的意志力了。

练习1

回顾一下上面提到的心理韧性的八大宿敌，想想哪些会破坏你的自我认知，你看看会对其中哪个或哪几个宿敌的问题感到纠结，不管怎样，把它们写在一张索引卡上，然后，把索引卡放在桌子上显眼的位置。

这个简短的练习可以让你强烈地意识到在增强意志力的过程中需要克服哪些挑战。

用时：5分钟。

第二部分

养成心理韧性的核心因素

在这一部分，我们将通过训练来培养心理韧性。我将分享给你一些实用的策略，帮你控制自己的情绪，提升自己的决心，做好心理准备，从容处理遇到的情况。在这一章中，这些教给你的工具可以帮助你在环境偏离预期时增强韧性和毅力。

这不仅仅是心理韧性的问题，也不仅仅是坚持的事，而是一件养成奋斗认知的事，让你在事情超出预期时依然能够继续前进，这不仅需要勇气，也需要自信和毅力。

能在压力下镇定、优雅地面对挫折和克服挑战，是一种可以后天习得的技巧。

这真是一个好消息！这意味着只要愿意投入时间和精力来训练自己的思维，任何人都可以做到。为此，每章的末尾都有一个练习，都是为了帮助你将所学知识应用到实践之中，这些练习都很简单，最重要的是，它们为养成心理韧性打下了至关重要的基础。

其他书都花费了大量章节讲述了意志力背后的理论和心理，这不是我想做的，与之相反，我会着重于实际应用。只有把这些技巧应用到日常生活中去，心理韧性才能让你获益。

你准备好抑制自己的冲动、控制自己的行为、调整自己的心态了吗？这样你就可以用积极有效的方式应对逆境的考验了。你愿意重塑大脑处理和应对困难的架构吗？如果你愿意的话，那我们开始吧！

心理韧性和情绪掌控

你的情绪对于你如何应对挑战和挫折有着至关重要的影响。当你周围一切都出错时，如何有效地解决问题与你处理情绪的方式息息相关。如果你无法控制情绪，那么你在压力下的表现就会受到影响，而如果你可以控制情绪，那么处理错误和痛苦就变得容易得多了。

这也可以说就是你的情商。它是指你理解和管理自己情绪以使自己表现更佳的能力。与其压抑情感增强自己对抗逆境的意志，不如致力于相反的事情。当你遇到挑战时，应该首先认清自己的感受，这样你就能学会控制恐惧感、纾解压力，并且有目的性地对情况做出回击。

自我意识的价值

你必须知道内心深处的感受，才能变得强大。你需要敏锐地意识到你的思想、信仰和信念，你必须清楚自己的价值观，这样你对不利环境的反应就会有的放矢。

变强大并不是说要把自己从情绪中剥离出来。相反，你应该拥抱情绪，这才是真正掌控情绪的唯一方法。当事情出错时，承认你的恐惧、沮丧和其他负面情绪，你能够评估它们，确定它们的真实性，并控制那些虚假的情绪。

增强自我意识是掌控情绪的第一步。

同理心的作用

同理心常常被曲解或者过度简化为“友善”，但这不仅仅是礼貌地做个好的倾听者的事，它还包括很多内容。同理心意味着你把自己放在别人的位置，设身处地地根据他们的情况，感受他们的情绪，你可以理解他们当时的想法和感受。

尽管同理心的重点在于理解他人，但它是一种树立意志力的必要技能。你对他人经历的逆境都要有自己独特的见解，你需要弄清楚情况，这样当你自己遇到问题的时候，就可以自己解决。你对他人的同理心越强，就越能对他们的处境做出知情的假设。

保持同理心，你可以诚实地回答以下问题：

- “在类似的情况下，我会有什么感受？”
- “我该如何处理这些情绪？”
- “在我的能力、技能和知识范围内，我这样的回答合理吗？”
- “在这种情况下，我想成为什么样的人？”

同理心将你与他人联系起来，在这个过程中，你可以更多地了解自己，并在面对复杂和痛苦时坦率地审视自己的气质。

为什么情绪控制很重要

情绪控制经常被误解为压抑情绪。但这种想法是不对的，掌控情绪需要你正视你的情感，理解自己为什么会产生这种情绪，以及如何以一种健康的方式管理情绪。

如上所述，你不想压抑情绪，你并不想因此而变得内心强硬，因为从长期来看，与外界隔绝只会让你更容易感到焦虑和抑郁。

管理你的情绪——情绪控制，给了你一个机会去承认情绪、对抗情绪、审视情绪，并判断你在所处的环境下情绪是否稳定。

例如，你刚考完一场试，成绩很差，你可能会因此对自己感到厌恶，认为自己很笨，永远考不好，这些负面情绪和过于苛刻的假设会严重破坏你的潜力。通过情绪控制，你可以更诚实地探索这些情绪和假设，并确定它们是否准确（提示一下：它们基本都不是准确的），情绪控制会给你一个重新调整自己和看待自身真实能力的机会。

心理韧性与你如何看待自己以及你自己的表现能力息息相关，而与你所处的环境无关。由悲伤、失望和焦虑引起的情绪阻碍着你的进步，它们会让你放慢脚步，甚至会让你在事情出错时轻言放弃，这就使得情绪管理成了一项必要的技能。

如何控制情绪

控制情绪需要时间，许多人一生都深受情绪的影响，甚至是那些与个人能力无关的情绪。所以学会管理它们需要花费时间。以下是一些对我来说行之有效的策略，可能也对你有所帮助。

- 回想你的情绪，包括消极的和积极的，首先要承认它们的存在。
- 在消极的情绪出现时仔细审视它们。问问你自己这些情绪是合理的吗？如果不是，仔细想想这些情绪是如何阻碍你前进的？
- 每天冥想5分钟。不夹杂任何批判性的眼光审查你的情绪，早晨时光是最好的，但是任何时间都可以。
- 当你内心的批评者又开始说话时，请直面他。审视他的说法，确定他说的是否属实。
- 要分清楚你可以影响哪些因素，你不可以影响哪些因素，而对于后者要学会不让这件事给你带来挫败感。
- 即使你不确定结果也要采取行动，这将训练你的思维，让它变得更积极主动。
- 要保持睡好、吃好、运动好，身体的健康状况也影响着情绪的健康状况。

对自己要有耐心，没有人能在一夜之间就学会掌控情绪。但好消息是，如果你每天都坚持行动，最终当你遇到困难时，你就能够控制自己的情绪。

练习2

列出当事情出错时，你经常产生的负面情绪是哪些。也许是愤怒，也许是绝望，也许是内疚尴尬或冷漠。不管是哪一种，把它们写下来。

现在，仔细分析你列出的每一种情绪，在它旁边写一栏笔记，描述它是如何影响你的行为的。假设在你感到愤怒的时候，你可能会攻击别人；在感到尴尬的时候，你可能会在精神上退缩，而这反过来也会影响你采取行动的能力。

最后，在每一种消极情绪旁边，写一个简短的笔记，描述你将来会如何应对这些问题？例如，你感到愤怒，你可以做五次深呼吸，如果你觉得尴尬，你可以检查一下原因所在，确定其是否合理。

用时：15分钟。

心理韧性和抗挫能力

正如我之前提到的，心理韧性和抗挫能力，通常被认为是同义词，很多人提到它们的时候觉得它们的意思是一样的，但实际上这两种特质是截然不同的，区别很微妙，但是也很重要。

当我们重塑心态，调整我们对逆境本能的反应时，理解心理韧性和抗挫能力之间的区别就至关重要。我们将把这两种特质放在显微镜下，研究它们之间细微的差别，以及探讨这种差异如何影响你的训练。

然后，以小见大，我将探讨如何利用这些特质来适应环境，我将会讨论如何改变你对失败的看法，这样你就不会因为失败而气馁或举步不前。

心理韧性vs抗挫能力

再重申一遍，这两者差别是很微妙的，这两者关系很密切，所以那些无意中把它们混为一谈的人，是可以被原谅的。

话虽如此，重要的是要重新认识为什么把心理韧性和抗挫能力作为同义词是错误的？以这种方式使用它们，混淆了它们的区别，理解这种区别是很有价值的。

韧性是指从不可预见的、复杂的情况中恢复过来的能力，是指适应的能力，假设你按照正常时间离开家去上班，不幸的是高速路上堵车了，这个问题肯定会让你无法准时参加那天上午的会议。

一个韧性强的人，可能也会咬紧牙关，也会小声抱怨，但是他最终会适应这种环境，他可能会使用手机的GPS功能，寻找一条不同的路线去上班，或者他可以打电话到办公室重新安排会议，又或者他可能会对自己的迟到做出解释，以避免别人提出非议。

心理韧性是一种心态，这不仅反映了你能够从意料之外的困境中恢复过来的能力，也在这个过程中展现了你积极的人生观。

这不仅仅体现了你处理压力的能力，也反映了你如何处理它们。

例如，一个心理韧性强的人，在意外的交通拥堵中，可能会借此机会，听一本激励人心的有声读物。事实上，他可能会为自己的这种遭遇感到高兴，因为这给了他阅读的机会。

抗挫能力强的人会被动地适应出乎意料的挫折，而心理韧性强大的人，当经历这样的挫折，是会持开放态度的，他们可能希望避免挫折，但他们认识到挫折是不可避免的，而且，他们会把它视为需要克服的挑战，而不是令人愤怒的问题。

能够看出这种心态上的差异是很重要的，抗挫能力是应对逆境最有效的工具，当你面对困难时，它给予你认知上的坚韧，让你继续前进。而心理韧性让你将困难视为机遇，它给了你信心和平静，你需要利用这些机会并借此将弱势转化为优势。

灾难性思维如何限制你的适应能力

我们很容易养成灾难性思维的习惯，如果我们没有做好心理准备来应对每天必定要面对的挑战，我们的大脑就会慢慢地意识到每一个挫折造成的后果都会比想象中的更严重。我们将开始被挫折遮住视线，不管挫折带来的影响是否恶劣，是否严重，我们都会把它视为真正的危机。

例如，你要去拜访一位朋友，你乘飞机去，你坚信能够在预定的时间到达目的地。但是在飞行过程中，机长通知乘客，由于天气原因飞机必须绕道飞行，而绕道将大大地延误你到达目的地的时间。

一个缺乏心理韧性的人可能会对这种意想不到的情况感到

恐慌，他可能会本能地想象这样他就会联系不上他的朋友，而他的朋友已经说好要去目的地接他。他可能会想象，一旦他的航班最终着陆，他可能会被困在停机坪上几个小时。他可能还会联想到更可怕的情景，他到达朋友家的时间比他预期的晚了几个小时，这意味着会严重地影响他的睡眠质量。

这个可怜的家伙，就会沉浸于这些灾难性的想法中。

想要精神变得强大，你就必须保护你的心灵不受这种倾向的影响，当你考虑最坏的情况时必须立即喊停，否则你可能会被灾难性思维所诱惑，沉溺于不合理的、臆想出来的结果中。

这种心态与你从挫折中恢复过来，并有目的性地、信心满满地采取行动，保持积极的态度，适应环境的能力完全不可相提并论。

改变你对失败的看法

没有人想要失败，毕竟失败证明你预期有偏差或能力不足，失败通常是这两者的证据，正因如此你才会觉得失败如此不爽。话虽如此，你可以选择自己如何看待失败，大多数人都会为此而感到懊恼和羞愧，他们试图隐藏自己的失败，这样别人就发现不了他们解释失败的方式是为了防止别人批评他们，甚至可以让他们推卸责任，把矛头指向别人，把责任转移到别人身上。

这些对失败的反应源于自我，因为没有完成某件事就意味着你没有预期的那么好，所以你急于解释自己为什么没有成功。通常情况下，这些说法都是错误的，你在匆忙掩饰自己的不足时，本能地将这种状态合理化了，要想变得精神强大，你必须改变对失败的看法，你应该拥抱它，而不是害怕它、掩盖它，并改变指责的对象。失败永远都不会让人感到愉快，但是你可以训练自己，按照接受成功的态度来接受它。

失败和成功都只是你的决定和行动的最终结果。与其说前者是坏的，后者是好的，不如把两者都看成一种反馈，通过这样做，你可以更容易地确定你的决定和行动是如何与你得到的结果相联系的。这就反过来给了你一个机会来调整自己的期望，并确定你在技能和决策方面的不足，这样你就可以在未来有更好的表现。

把失败看成反馈，并且采取有目的性的行动，能够让你对自己的能力更加自信。而当你变得更自信的时候，你就会自然地不那么担心会出现意外的挫折了。你直觉地相信自己可以处理好遇到的任何挑战，哪怕是面对失败。

这种意识让你不仅能够获得单纯的抗挫能力，还能发展心理韧性，能够接受生活中不可避免的困难。

练习3

列出最近失败的五个例子，它们可以很大，也可以很小，可能举足轻重，也可能无足轻重，要写下所有相关的细节。

接下来描述一下你是如何应对每种情况的。你会沉溺于自责之中吗？你有没有因为自己不良的表现或错误的决定而责备自己？最后写下在每个例子中，你应该如何采取积极的回应。假设你没有按时向老板提交一份重要的报告，一个积极的回应可能是接受错过最后期限的责任，重新审视自己的工作量，寻找更好的管理时间的方法。对最近的五次失败的经历都这样做。

一旦你完成了这个练习，你就会发现你应对失败的方式发生了根本性的变化。

这可以增加你的信心，改善你的表现。这个练习将揭示失败仅仅只是一种反馈，而不是对你能力的判断。

用时：15分钟。

逆境中的心理韧性

毋庸置疑，困难是生活的一部分。你会经历许多困难的时刻，仿佛一切都出了错，好像命运对你怀恨在心，你感觉这是不公平的、不愉快的经历，而且这样的经历几乎总是让你猝不及防。在这些困难的时刻，你的心理准备、情感抗挫能力、控制冲动的能力，以及在压力之下依旧保持从容的能力都会受到真正的考验。

每个人都经历过挑战，而且以后也一定会再次经历它，这就是生活。

好消息是逆境让你变得更加强大，你的心理韧性得以增强，就像高温使合金能够变得更加坚韧一样，但为了更好地度过这一艰巨而令人沮丧的过程，你必须满怀信心，有勇气且镇定地面对逆境。

这和意志力无关，意志力是一种极其有限的资源，当情况变得糟糕时，它会很快被用完，我指的是性格。

心理韧性要求你始终对自己诚实，清楚自己的意愿和信念，并愿意以积极的心态面对困难的情况。

芬兰的SISU精神

SISU是一个芬兰词汇，它代表了一种特殊的态度，体现了芬兰人在困难时期的态度，还没有直接相对应的英语单词，但是可以粗略地描述为面对失败时的勇气。有一个关于芬兰人的激动人心的故事，它完美地描述了这种令人钦佩的心态。某一年，有一敌国军队准备入侵芬兰，敌军和芬兰之间的谈判失败了，战争迫在眉睫，没有人会料到芬兰人会奋起反抗。

让敌国军队觉得荒谬的是，他们的人数是芬兰军队的3倍，芬兰人有32辆坦克，敌国军队有几千辆，更糟糕的是，芬兰人仅有114架飞机，敌国军队却有近4000架。

保守来说，局势对芬兰人不利，事实上这种实力上的不对等是如此的明显，以至于敌国首领都为此感到幸灾乐祸，他觉得只要开一枪，芬兰人就会投降。

但是史实表明，事实并非如此。芬兰人埋头苦干，用过时的武器和有限的资源（弹药、燃料等）武装自己，准备进行残酷血腥的、破釜沉舟的一战，他们的坚定和勇敢体现了芬兰的SISU精神，面对几乎必然的失败和死亡，芬兰士兵坚守阵地，拒绝投降。

这场“冬季战争”的进展与敌国的预测大相径庭，在长达3个月的战斗中，芬兰人伤亡7万人，而敌国军队伤亡高达40万人，最后，芬兰政府被迫接受了敌国提出的条件，因为他们的武器破旧不堪，弹药也被消耗殆尽了，7万的伤亡对这个小规模的国家军队来说，已经是一个巨大的损失了。

但是芬兰人所表现出的惊人的意志力震惊了全世界。

面对逆境如何拥有SISU精神

虽然很少有人有机会证明自己拥有像芬兰人在“冬季战争”期间展示的坚韧和勇气，但是可以借鉴他们的这种精神，把他们当成榜样。你可以用同样的态度对待生活中不可避免的困难，你可以接受遇到的挑战，准备好回击它们，并致力于克服它们，即使困难重重，你也能保持勇气和积极性。

以下是SISU精神的一些要点。

第一，拒绝让环境压垮你，当然这说起来容易做起来难。例如，在某些情况下，确诊患癌症这件事是如此令人沮丧，所以你会不可避免地在一开始就感到不知所措，但是如果你能设法在自己压力过重时重新调整自己的情绪，你就能更好地翻越挡在你面前的障碍。

第二，下决心采取行动。当然在做出反应之前，了解清楚自己的状况是很重要的，这需要你深思熟虑，但最终你必须要采取行动，即使生活是不可预测的，你的行动和决定的结果是不确定的，那你也必须采取行动，这种心态会给你灌输勇气，让你能够面对挑战，而不被自己的局限性所麻痹。

第三，每天坚持练习控制自己的情绪。我们每天都被各种小的问题所困扰，但就个人而言，这些小挫折没有一项会对人生产生巨大影响。例如，你可能去了当地的一家星巴克，却发现他们不提供你想要的饮料，或者你在去机场的路上意外堵车了，或者你可能会在购物的时候丢掉了钱包。你对这些小挑战的反应，不管是健康的还是不健康的，都训练了你的思维。如果你在遭遇不幸时能够练习自己的情绪控制，你就会增强自身的决心和韧性。

第四，提前预测会遇到的问题，这不仅给了你准备的机会，而且也会让你更有信心，坚信自己有能力克服它们。想象一下，前文提到的芬兰军队内的情景，战争即将来临，天气很恶劣，零下40℃，你的资源有限，你们的人数又少得可怜，通过预料这些困难以及随之而来的劣势，你可以采取有目的性的、有把握的行动来提高成功的概率。

让我们来总结一下

采用SISU精神，并不意味着你要忽视你的弱点。在面对无法克服的困难时，你也不应当逞一时之勇。相反，SISU精神需要你认清你所处的环境，评估你的选择，并采取坚定的行动来尽可能地实现你想要的结果。这是一种对不如意的事实的接受能力，是一种认清事实后还能勇往直前的决心。

练习4

写下你通常对出乎意料的问题的反应。你是否沉溺于自怨自艾？例如，为什么这种事会发生在我身上？你内心的批评家是否让你放弃？你是否觉得必须要避免或忽略眼前的问题？你是否因为不确定和害怕失败而拖延行动？你是否会立刻因为生活的不公平而感到沮丧和愤怒？

还是你会本能地撸起袖子加把劲，从心理上准备好应对你所面临的任何困难？

这个练习将揭示你目前面对逆境的态度。要记住，你今天如何应对挫折和障碍的态度并不可耻，毕竟这个行动指南的目标就是在生活变得更艰难的时候逐渐改变你的反应和行为，我已经讨论过了，这是一条很漫长的路，这个练习的目的仅仅是为了能够确定你现在的心态。

用时：10分钟。

心理韧性和延迟满足的重要性

研究表明，如果我们能够把自律当成一种习惯来练习的话，就更有可能获得成功。如果我们把延迟满足当成一种习惯来练习的话，就能有更大的机会获得成功。

成功是一个模糊性的术语，因为它对每个人都有不同的含义。对一些人来说，它可能代表能挣更多的薪水，对另一些人来说，它意味着要始终保持慷慨、亲切和谦逊，还有一些人通过人际关系的健康程度来衡量成功与否。为了此处的讨论，我把成功定义为目标的实现。

让我先来明确一下延迟满足是什么意思。这是一种决定，拒绝享受你现在渴望的东西，转而追求未来更渴望的东西。

假设你想减两千克体重。当你走过一家比萨店，你就想买一块比萨，你很喜欢比萨，而且现在的情况是你可以吃到比萨。你需要做一个决定，你可以选择满足你现在的愿望，或者你也可以抵制诱惑，为了达到你的目标，即减两千克体重而决定不买这块比萨。

注意，这是一个你可以控制的决定，这意味着自律是一种你可以学习和训练的技能。如下文所述，控制自己的冲动对发展心理韧性至关重要。

如何培养控制冲动的能力增强心理韧性

当你面对逆境时，克服挫折和实现目标都需要耐心，这种耐心让你能够忍受苦难，能够承受伴随不幸而来的情感和心理上的压力。即使现在的情况对你不利，它也增强了你的决心，增加了你的勇气和韧性，鼓励你坚持下去。

当你练习自律时，你就学会了忍受当前的不适。为了实现更大的目标，你训练自己去忍受眼前的不愉快，这样做，你就向自己的头脑灌输了这样一个观念，你不需要满足当下的欲望，你可以抵制这种冲动。

这就提高了你的韧性认知，当你坚持延迟满足，你就建立了对不适的忍耐力，这样你逐渐习惯了它，这种忍耐力促使你坚持下去，而不是屈服于短期的欲望。

假设你在做一份全职工作的同时，还在上线上的课程，在工作地点劳累了一天之后，你终于回到了家，但不幸的是，你有三份作业要在第二天上交，如果你习惯性地满足你现在的欲望，你可能会禁不住诱惑，选择在沙发上放松一会儿，在Netflix上看你最喜欢的电视节目。然而，如果你已经努力地忍受了目前的不适，你会发现自己更容易抵抗诱惑，完成最终的任务。

延迟满足还能提高你抗干扰的能力，想象一下最近你做的一些重要的事情。例如，你可能需要写一份工作报告，或者你需要收拾一大堆家庭杂物。无论是什么，毫无疑问的是，除了这些事以外，你还有其他更愿意去做的事情，而沉溺于诱惑之中，就会分心，会分散你的注意力。通过定期练习自律，你就能养成抵制诱惑的能力，并保持坚定的决心，当你遇到意想不到的障碍时，这就是一个至关重要的技能。

控制自己想要沉溺于当下快乐的冲动，也让你明白努力和回报之间的关系。当你一而再，再而三地沉溺于眼前的满足时，你的内心就会觉得，低付出可以带来高回报，这就形成了你的期望，在实现长期目标的过程中，你更倾向屈服于短期欲望，而不是忍受当前的不适。

例如，你可能会习惯性地选择吃不健康的快餐，因为它们方便、快捷、美味、低付出、高回报，但不幸的是，这种习惯会严重阻碍你实现减肥、改善心血管健康、锻炼肌肉的愿望。

当你反复延迟追求满足感时，你就会在脑海中形成自律、努力和奖励之间的联系，你开始直觉地认识到你必须在这个过程中努力，你要控制冲动，以获得你最终想要的东西。以吃快餐为例，你会迫使自己抵制住比萨、奶昔和高脂肪汉堡的诱惑，在家吃更健康的食物。

想要控制冲动是不容易的，大多数人一生都被冲动所支配，突然之间开始练习自律可能会是一段十分坎坷的经历。但是延迟满足对于培养心理韧性足够重要，值得你去养成这种习惯，下面是五个策略，帮助你把这种难度降到最低。

延迟满足的五个小窍门

事先说明：这些建议中的某些可能并不适合你，它们只是对我很有帮助，但对每个人的效果不一定是一样的。尽管如此，我还是鼓励你去尝试一下，再来判断它们是否对你有帮助，如果其中有一两个小窍门被证明对你有效，我认为这对你来说就是成功的。

窍门1：明确你的价值观

当你意识到什么对你是真正重要的时，你就会更容易地把你想要完成的事情按优先次序排列，这就简化了决策的过程，你还将长期目标的重要性与短期欲望的快感进行了对比。

窍门2：明白你为什么想要实现你的目标

有一个可靠的理由来促使你采取行动是很重要的，请你运用“头脑风暴法”，想想每个目标的原因。

假设你想减5千克的体重，你的理由可能是希望自己感觉上和外表上更健康。这些动机会鼓励你抵制住不健康食品的诱惑，而仅仅只有减5千克体重的愿望是不够的。

窍门3：制订一个行动计划

根据你明确的价值观和动机，想出一个计划来引导你完成延迟满足的过程。

假设你想把挣的每一元钱都花在你没有什么需要的东西上，比如新衣服、新手机等，那么你就制订一个计划，将你挣的每一笔钱中固定的金额立刻存入你的储蓄账户中。

窍门4：找到一个有效的方法来替代必要的欲望

有些诱惑很难抵抗。凭借单纯的意志力是不够的，在这种情况下，仔细想一想，用另一种奖励来代替它，最好是有价值的奖励。

例如，你可能觉得比萨很诱人，垃圾食品会让人上瘾，因为它会触发多巴胺的释放，刺激大脑的奖赏中枢。一个很有效的替代方法是体育运动，它也会促使你释放多巴胺和内啡肽，这听起来可能没有吃垃圾食品那么有趣，但这是一个健康的选择，会让你感到舒适，因此可以作为一个很好的替代方法。

窍门5：给自己一个抵制住诱惑的奖励

你的目标不是完全避开愉快的事情，那样的状态将是一种了无生气的生活方式，而是应该养成推迟满足的习惯。

养成好习惯，最有效的方法就是循序渐进，你每成功一步就可以设置一个小小的奖励，奖励会训练你的大脑重复这个动作。

假如你正想尝试制订一个日常锻炼计划，与其在第一天强迫自己锻炼30分钟，不如锻炼3分钟，然后奖励自己10分钟的休闲阅读时间，之后再逐渐增加锻炼的时间，并在锻炼过程中不断地奖励自己。

我用上面的窍门来训练自己的延迟满足习惯，这样我就可以不受干扰地追求我的目标。

每当我遇到挫折和障碍时，这些窍门都大大地坚定了我的决心，你可以自己来试一试，你会发现它们和我说的一样有效。

练习5

请书面描述一下最近发生的、让你因为受到诱惑而放弃目标的事情，然后描述你的这个决定满足了你眼前欲望之后的感觉。你会觉得内疚吗？你会后悔吗？

你会因为屈服于诱惑而惩罚自己吗？

接下来再描述一件你最近抵制住诱惑，坚持完成了重要任务的事例，然后描述一下这个决定给你带来的感受，你对自己的决心满意吗？你感受到自己的力量了吗？

这个练习的目的是要强调为了达到长期目标而延迟满足会让我们本能地感觉更好，它强化了一种观点，即控制我们的冲动可以产生意义更重大的结果。

用时：15分钟。

心理韧性与你的习惯

你的习惯会帮助你度过困难的时期，当生活偏离预期的时候，你的习惯和惯例会帮助你回到正轨，当你被困难和压力困扰时，习惯会影响你的行为，并激励你前进。当你养成了好习惯时，你就更能做到言行统一，你就不那么容易会受到冲动的影响了。

习惯养成的时间越长，它就越根深蒂固，你对自己也就更有信心。问题在于如何养成并维持习惯。

下面将首先讨论你的好习惯和坏习惯如何影响你的心理韧性，然后你将会学到如何培养持久的好习惯，这个方法简单易行，最重要的是它很有效，最后我将探讨对养成和保持心理韧性至关重要的五个日常习惯。

习惯是养成心理韧性的关键

当提到习惯时，我们通常会将其与行动联系起来，也就是说我们的习惯就是我们所做的事情，但事实是它所代表的远不止这些。

我们的习惯意味着什么对我们最重要，它反映了我们的价值观和偏好。如果我们保持一个良好的饮食和定期训练的习惯，这意味着健康对我们来说是最重要的。如果我们每天早上都会冥想，这意味着我们珍惜以平和、无压力的心态开始的一天。另外，假设我们经常吃垃圾食品，拒绝锻炼，经常在网上与人讨论政治，这些习惯也暗示了我们的价值观和偏好。

坚持不懈，就像睡前刷牙一样，是一种习惯，这是我们训练自己在特定环境下做出的行为反应，就像任何习惯一样，它也有诱因来促使我们行动，好消息是我们可以通过创造这些诱因来帮助自己养成这个习惯。

这个培养我们言行一致的习惯过程，是养成心理韧性的关键部分。它消除了我们对意志力、动机和灵感的依赖，因为所有这些都是多变的，稍纵即逝的，然而，我们可以依靠惯例和设计好的系统来促使自己对压力做出反应。

记住这一点，让我来讨论一个养成习惯的简单方法，它会增强你的心理和情感韧性。

一个养成任何习惯并坚持下去的快速指南

ZenHabits.net的创始人里奥·巴哈塔曾经说过“要想养成一种新习惯，必须让它变得容易到你无法拒绝”。这句简单的话里蕴含着极大的智慧。事实上，它表明了培养新习惯最重要的原则之一：从小事做起。

假设你想开始每天锻炼，你可能在第一天的时候会很热情，做45分钟的锻炼，不要这样。相反，你应该循序渐进，从5分钟的锻炼开始。

第一步对于培养能增强韧性和决心的习惯十分重要。例如，想象一下，你在工作中感到不知所措时，感到筋疲力尽时，你就会很难集中注意力，但是你要养成坚持不懈的习惯，与其撸起袖子不停地工作好几个小时，不如每次只花5分钟的时间集中注意力，让事情简单到你无法拒绝。

下一步是放慢脚步，循序渐进。没有必要加速培养你的新习惯，这又不是比赛，事实上力争快速进步可能弊大于利。对许多人来说，这样做是失败的根本。

只需前进一小步就够了。回到前面工作的那个例子，不要试图从最初的5分钟快速推进到45分钟。相反，在开始的5分钟后休息一下，大概60秒，然后开始下一组，再下一组，一旦你可以成功地这样做之后，可以将你的时间分成每10分钟一组，每组中间有两分钟的休息时间，一旦你已经有了一次专注10分钟的能力，你就可以把时间分成每15分钟一组，中间休息3分钟。

如果你遵循这个过程，你最终就会养成你的习惯，你可以把它分成许多合理的部分。例如，你已经提高了注意力，那你就可以连续几个小时心无旁骛地工作，那真是一个壮举！但这并不意味着你应该连续工作几个小时，在这种情况下，工作时间相对较短会更有好处。例如，工作45分钟，然后休息10分钟，重复这个过程四次，然后，休息30分钟。以这种方式工作将帮助你保持动力满满，此外，你的注意力也会受到更少的侵蚀，因为你让你的大脑有机会定期充电。

培养新习惯的最后一步是设计一些诱因来触发你想要的反应，这很简单，关键是要保持稳定性。

假设你正在锻炼自己短暂休息后能继续工作的能力。那么问题是你很容易选择放弃你的工作，而在Netflix上看你最喜欢的节目。那你可以试试这个方法：选一首短小的励志歌曲，每次休息结束时都听一遍，在歌曲播放结束后，立刻开始新的工作。这将让你的大脑产生歌曲和下一个动作（迅速回归工作状态）之间的联系，当下次你再听到这首歌的时候，你就会自动回归工作状态。

你可以自己把控这些诱因，你可以自己设计，这就意味着无论何时你决定养成一个新习惯的时候，你都可以掌控全局。

这个简单的习惯养成系统，并不能避免所有的错误。事实上，你肯定还是会犯错，但别担心。这只是过程中自然存在的一部分，学会原谅自己并继续前进。

现在你已经有了一个可以用来养成新习惯的可靠方法。让我们来探究五个可以增强你心理韧性的方法。

增强心理韧性的五个日常习惯

要想能够在艰难情况下获得成功，你就需要一些特质，而这些特质都与心理韧性有关，大部分我已经讨论过了，它们包括勇气、坚忍、决心和积极的心态，还包括自律、坚持和延迟满足。

下面的这些习惯与这些特质完美契合，这些习惯强化了这些特质。在一些情况下，习惯首先有助于建立这些特质。养成这五个习惯，你会发现勇敢地面对任何挑战都变得轻而易举。

习惯1：把你的过去看作克服未来逆境的准备工作

我们倾向于用过去来定义自己，我们会根据以前的事情来决定自己是谁。我们的价值观和信念常常与我们以前生活中发生的事情交织在一起。我们需要切断这个联系，调整心态，把过去仅仅看作为了未来所做的准备。事情发生了，我们做出了回应，也许犯了错误，但现在是时候向错误学习了，我们的过去仅仅是一种指示，它能让我们学会未来如何做出更好的回应。

习惯2：在消极情绪出现时，立刻给出判断

正如我之前所讨论的，负面情绪本身并不是不健康的。相反，研究表明它有助于心理健康的发展，所以要承认它是有益处的。但话虽如此，负面情绪很容易阻止你做出理性的决定和有针对性的举动，它很快就会打败你。因此评估你所经历的愤怒、恐惧、悲伤、恐慌和内疚是否属实，也是值得的。

你不需要压抑自己的负面情绪，但重要的是要养成在它出现的那一刻立刻评估它的习惯。

习惯3：树立自信心

自信是养成心理韧性的必要条件。毕竟只有相信自己的能力，才能在逆境中勇往直前，克服对不确定性的恐惧。商业巨头亨利·福特（Henry Ford）曾经说过："无论你认为自己行还是不行，你都要相信你是行的。"福特并没有否定人才和技能的作用，而是强调了信心也同样重要。他认识到自信对成功至关重要，缺乏自信很容易失败。

习惯4：学会感恩

当事情出错时，我们很容易怨天尤人。但至关重要的是你必须承认两个基本事实，第一，抱怨并不能解决问题。第二，它很容易产生大量的负面情绪，让你感到失望，甚至绝望。

保持积极的心态是勇敢面对逆境的关键。每天早晨，回想一下对你来说很棒的事情。每天下午，想一想你所拥有的值得感激的一切。每天晚上，在你上床睡觉之前思考一下你一整天所享受的那些小确幸。每天都练习感恩。

习惯5：培养对变化的忍耐力

心理韧性要求你能够适应环境，当事情出错时，你必须能够适应现状，以便有目的性地采取行动。

大多数人都害怕改变，我们享受可预知的乐趣，因为它减少了不确定性，对不确定性的恐惧是采取有目的性行动的主要障碍之一。

培养这种习惯需要你走出舒适区，能够积极地做出适应生活的改变。这样做的好处是会让你不受多变的环境的影响，增加你对环境的容忍度，当你的容忍度增加时，你的恐惧就会自然而然地消失。

养成习惯的一大好处是你可以按照自己的节奏前进。同样的，最好从一小步开始慢慢来，但是每个人对于“小”和“慢”的定义是不同的。设计一个与你现有的日程相契合的计划，并将你的空闲时间、注意力和精力纳入考虑之中。

练习6

写下你想要养成的三个习惯，在每一个习惯旁边写下你从今天开始可以为了养成这个习惯而做的三件事。

假设你想增强自信心。第一，你可以每天尝试和五个陌生人打招呼。第二，当你的内心自我批评的声音变大时，你可以立刻对消极的自我对话进行评估。第三，你可以对别人说“不”，而专注于自己的项目和职责。

用时：15分钟。

天赋、能力和自信如何影响心理韧性

在上一节中，我简要地提到了自信是培养心理韧性的重要部分，但范围仅限于习惯的养成。在这一节我将更详细地探索自信，它对精神力量、决心和压力下的心理修复力都有着很大的影响，因此值得进行更全面的研究。

我将从探求信心的来源开始。它从何而来？是什么导致了它的产生？是什么导致了它的缺失？答案可能会让你大吃一惊。

然后我将讨论为什么定期评估信心水平很重要。有时重新调整信心是必要的，这样它才能准确地反映你的能力和知识储备。

最后我将介绍五个建立自信的模块。归根结底，虽然这些模块不能面面俱到，但是如果你把这五个要素融入你的生活，你的自信心会突飞猛进，这反过来也会帮助你在面对不确定性和不利情况时，能够坚定而冷静地相信自己有能力渡过难关。

自信源于能力

自信是一种期待，期待自己能够战胜困难和不适的情况。

这种自信部分源自你的能力，包括你的知识基础、才能和精通领域。当你对自己的处境有所准备时，你就会变得自信。假设你在为朋友做饭，如果你已经花了多年的时间磨炼自己的厨艺，那么当你准备饭菜时，你会感到心平气和，镇定自若。但如果你是第一次下厨，你可能会感到有些恐慌。

仅有天赋和专业知识是不够的，自信还源于你的适应能力。你必须能够在必要的时候随机应变。

假设在为你的朋友准备饭菜的时候，你发现缺少了一种重要的食材，如果你是一个有经验的厨师，你就会用一种合适的食材作为替代，适应这种意想不到的困境，这种应变的能力是自信的来源。它增强了你对自己的信心，使你能够解决不可预见的问题和困扰。

根据你的能力重新调整你的信心水平

有时你的自信水平会与你的能力知识和对多变条件的适应能力脱节。当这种情况发生时，你需要重新评估自己，根据现实情况重新调整自信水平。

如果你过于自信了，你可能会承担过多的风险，忽略了他人的意见，对自身的弱点视而不见。当你以这种心态面对挫折和挑战时，无论你有多大的勇气，你都可能会被打个措手不及。

如果你缺乏自信，你可能会逃避风险，会被他人的意见所左右，并将你的弱点视为失败的前兆。在这种心态下，你将会犹豫不决，不敢面对挑战和挫折。

当你的自信水平不符合实际的时候，你很难做到内心强大。态度傲慢和自我怀疑都是认知韧性和决心的敌人。傲慢在短期内可能可以支撑着你前进，但是在长期来看它会让你偏离轨道。毫无根据的自我怀疑可能会使你完全不敢面对逆境，害怕自己注定失败。

因为不切实际的自信程度会有潜在的危险，所以定期做自我评估很重要。要经常问问自己：

- “就现在的情况来看，我的信心水平合理吗？”
- “我该如何回应批评？”
- “当遇到挑战时，我是否会立刻放弃？”
- “我是愿意还是不愿意与他人分享我的想法？”
- “当我遇到挫折时，我会本能地感到害怕和紧张吗？还是觉得自己很自信？为什么？”

这种自我评估将帮助你迅速地确定你的自信水平是否需要重新调整。这也可能揭示你生活中需要注意的方面，例如，你是否以健康明智的方式回应了他人的批评。

建立自信的五个核心模块

增强自信大有裨益，但是我们今天只关注如何建立自信的其中几个因素，让你以最小的努力来提高自信水平。其中大多数因素都与你的心态有关，如果你接受它们并把它们融入日常生活，它们将对你的自信心产生相当大的积极影响。

1. 愿意离开你的舒适区

走出你的舒适区，你会把自己暴露在不熟悉的环境中，但这种情况是不足为惧的，相反，它给你提供了个人和职业发展的机会，让你可以放弃控制环境，并学会适应新的环境。

2. 愿意承受情绪上的不悦

自信需要你对情绪有明确的认识，但这也需要你对情绪保持一种宽容的态度，唯一的方法就是让自己学会承受伴随消极情绪而来的不悦。

很多人都倾向于逃避感觉上的疼痛，但是你应该保持开放的心态去体验它。因为这样做可以帮助你建立对它的抵抗力，这种抵抗力将保持你与负面情绪之间的协调性，而不是被它所麻痹。

3. 自我评估的习惯

定期进行自我评估很有意义，之前我就谈到了这样做的目的是调整你对现实的信心水平。在这里我将从更大的范围来讲这个问题。

定期静下来反思一下自己是如何成长的是十分重要的。想想你学到的新技能，想想你遇到的特殊情况以及你是如何处理它们的。总结一下你最近遇到的熟人有哪些，最近和陌生人的谈话内容是什么，以及你完成的、以前不熟悉的任务有什么。你一直在以这样或那样的方式成长着，当你走出舒适区时尤其如此。问题是你常常没有意识到这种成长，因为成长总是缓慢的。

4. 保持积极

保持积极的态度，需要抑制消极的自怨自艾。它包括凸显我们的优势和庆祝我们的成功，同时把我们的弱点和失误视为学习和成长的机会。

但不幸的是，由于我们一生中经历了太多挫折和失望，我们都会很悲观。这种态度不仅阻碍了我们信心的发展，也阻碍了我们的成长。

但是好消息是我们可以重新调整思维，让自己能够保持乐观和积极，这样做，我们可以训练自己本能地认识到自己克服逆境的能力。

5. 放弃对外界认可的渴望

寻求他人的肯定不但会破坏你的自信心，还会让你的大脑不信任你的动机和能力。你的大脑会克制自己，选择不采取行动，直到别人认可你。随着时间的推移你会变得小心翼翼，并对自己的表现和能力感到怀疑。

你要认识到你拥有着独特的价值，你的知识、技能、才能和适应性不需要外部的认可。只要你的自信水平与现实相符，当你面对不确定性时，你就可以充满自信。

自信是心理韧性的关键因素之一，如果不先拥有前者，就很难发展后者。幸运的是，改变你对自己的看法相对简单，因为它是建立在认识你现有价值的基础上的。调整你的自我感知让自己沉浸在现实中，而不是来自你内心那个不友善的、幽灵一般的谴责中。

练习7

列出一个简短的清单。写出那些经常打击你信心的事情，这可能包括：消极的自怨自艾、凌乱的工作环境、邋遢的外表，又或者是缺乏个性。每个人都是不同的，因此你的清单是独一无二的。

接下来写下你可以采取的行动来减少列出的每一项事情对你自信的影响，要具体。举个例子，如果你内心自我批评的声音会对你造成困扰，那你可以承诺在它发声时都正面回击它。如果它说："你要失败了。"你就可以回答它："不，你错了，原因如下。"

最后，要注意一次只需解决一个问题。采取你列出的具体的行动来削弱这些问题对你信心的影响。在这个练习中，重复和坚持与你为伍。

用时：20分钟。

你的态度是如何影响心理韧性的

态度严重影响了你的行为，它为你如何解决困境定下了基调，它在很大程度上决定了你遇到逆境时的心理承受能力，并决定了你采取何种行为来克服它，抑或是屈服于它。

如果你保持积极的态度，可能会乐观和自信地看待眼前的情况。如果你保持消极的态度，很有可能会愤世嫉俗，充满恐惧。你对挫折、挑战和障碍做出的行为反应将源于你的态度。

本节将深入了解心境，并研究它对你的心理韧性的影响。我将从如何看待自己所处的环境开始探索，这部分内容比你想象中更重要。

打破环境束缚VS期待环境改变

当有人告诉你要保持积极的态度时，你会立刻想到那些典型的乐观主义者。他们一生都期待着一切会变得更好，他们似乎忘记了所处的环境，忽视了生活中的困难，永远相信困难总会消失。他们好像没有经历过精神上的痛苦，因为他们总是期望生活中的不幸无须理会也会自行解决。

简而言之，典型的乐观主义者会假定环境会慢慢改变来适应自己。如果人生是一场旅行，他们就把自己看成一个过客，对周围发生的事情几乎没有影响。

但是这种看法是错误的。

保持积极的态度并不是说怀揣着毫无根据的乐观，这并不是说要相信事情会自己解决，而是指要认识到你可以积极地利用你的天赋、能力和适应能力影响你的环境，面对生活中的不幸和困难。

这种源自自信的积极态度是你养成心理韧性的道路上必定遇到的伙伴，它决定了你遇到复杂情况时内心的感受，它支配着你如何去回应。这种心态激励着你坚持自我，采取有目的性的行动，而不是处于被动状态，只是单纯期待最好的结果。

承诺的重要性

当你致力于某件事时，你就会赋予它价值。在你看来，你得到的结果是值得花时间和精力去追求的。你的行动和决定会让它成为现实，你的承诺不仅鼓励你为达到预期的结果而努力，也会在事情没有按照预想的方式进行时让你能够坚持下去。

例如，你开始做一项副业。你下定决心想成功，这个承诺会鼓励你在晚上和周末多花些时间。当然，它的作用还不止于此。

如果你曾经经营过企业，哪怕只是在卧室开始做的那种小企业，你都会知道有很多让你焦头烂额的地方，它们会毫无征兆地出现。如果你没有决心，那你可能会忍不住举起双手说："我放弃。"相反，如果你许诺要创业成功，那么它就会促使你撸起袖子努力克服遇到的任何障碍。

致力于一项任务、项目或者特定的结果能让你在面对障碍时保持积极和果断。当遇到困境时，你的承诺就会帮助你坚持下去，它推动你坚持不懈地朝着目标努力，而不是为了短期的满足感而放弃你的目标。

追求持续成长的意愿

如上所述，积极的态度给了你战胜逆境的决心，每当你学习新技能（或者提升现有技能），吸收新信息（或者遇到新情况）时，这种心态就会得到加强。你的能力和熟练度提高了，你的自信也就随着增强了。

因此，至关重要的是，你必须使承诺的事项有所发展。事实上，追求超出承诺范围的事项发展也是有益的。这样做会让你勇于暴露在不熟悉的环境下，这给了你一个机会来扩展技能和知识库。

精神强大的人拥有成长的心态，他们相信自己的能力并不是一成不变的。相反，他们相信自己可以通过学习或坚持挺过生活中的困难来得到新的技能，这些人很少有放弃的倾向，他们把自己的缺点视为值得改进的地方，把挫折视为从错误中学习的机会。

成长型心态是精神认知的组成部分，这是积极态度的重要组成部分。这种信念认为你可以不断地提升自己，从而实现在现实生活中不可能实现的目标。过去是变得强大的关键，它增强了你的自信，强化了你在遇到逆境时坚持到底的意愿。

还有最后一个直接影响你的态度和自我修复能力的因素，那就是感恩。

感恩的艺术

许多人都沉溺于自怜心态之中，他们抱怨生活是多么的不公，为什么他们的环境阻止了他们实现目标。这些人沉浸在自己的不幸之中，他们永远处于受害者的心态，而不是发掘自己的才华和能力。这种心态会导致永久的挫败感，甚至会让抑郁有了可乘之机。

不出所料，那些习惯为自己感到遗憾的人在面对挑战时，往往会选择放弃。

重要的是要认识到自怜是一种选择，这是一种你所采取的态度，而不是一种支配着你的态度。一旦你采取这种消极的态度，它就会很快地在你的脑海中扎根，促使你本能地将失败归因于环境。

这种心态与养成心理韧性是相悖的。

当你表达感激之情时，你强调了一个事实，那就是你拥有各种内在和外在的资源。这些资源可以帮助你承受失败、不幸和困难。你会表达对自己才能和能力的感激，这样做提升了你的自信，同时，让你保持着开放的成长型心态。

下次当你开始感到自怜时，你就做下面的事情：

- 质疑情绪状态的真实性。这种自怜有道理吗？还是你忽视了自己的潜能？

- 克制向别人抱怨的冲动，抱怨只会强化寻求认可的这种不健康的倾向。
- 想想你生活中美好的事情。
- 告诉你的朋友和家人，你很爱他们，欣赏他们。这样可以让那个人度过美好的一天，你也会感受到美好的存在。这是双赢的方法。

这些简单的活动将很快消除你的自怜心理，这样可以缓解你由于环境造成的心理和情感上的压力，然后有目的性地采取行动来战胜它们。

练习8

写下你今天做过的五件凭借自己现有技能和知识做的事情。例如，可能包括你在工作中提交了一份报告，在学校参加了一门考试，或者修理了家里的坏旧电器。这将强化你拥有富有成效性资源或能力（知识、专业技能、适应能力等）的这一事实。

用时：5分钟。

练习9

写下你今天学到的五件事。例如，可能包括学习新单词或短语，学会如何做一道新菜，或者如何用吉他弹一首新歌，这个练习强调了你总是在以某种方式成长或提高的这一事实。

用时：5分钟。

练习10

写下五件你今天觉得很感激的事情。这可能包括你的工作，你与配偶的关系，或者是你把冰箱装满了食物。这个练习可以训练你表达感激之情，赶走自怜心理。

用时：5分钟。

心理韧性和内在批评

你内心的自我批评家是一个强悍的对手，他知道他不需要大吼大叫就能引起你的注意。他不需要尖叫就能打击你的心灵，磨损你的自信，让你抱有消极的态度。你内心的批评家会低声地说着他那些可疑的、谴责的话语，这就足够了。这些悄悄话可以给你带来巨大的恐惧和焦虑，让你变得举步维艰，无法采取行动。

每个人都有自己内心的批评家，他会舒适地坐在幕后伺机而动，等待机会批评你的行动、工作和决定。你必须学会压制内心的声音，否则你可能会被他持续的攻击而击垮。他每天都会消极地自言自语，会给你造成严重的情绪和心理打击。

下面我将讨论如何识别负面的内心言论。因为它并不总是显而易见的，一旦你知道了这些迹象，你就可以采取措施阻止内心的批评家来欺负你。为了达到这个目的，我将介绍一些你从现在开始就可以使用的技巧。

你内心的批评家躁动的常见迹象

你内心的批评家就像一个小孩儿，他很容易感到无聊。当他变得无聊的时候，他就会变得具有破坏性。不幸的是，他的滑稽动作很难被发现，他隐藏在幕后发挥最有效的作用。

话虽如此，还是有一些迹象暴露了他的诡计。

第一，你内心的批评家很擅长灾难性思维。他会做出一些可疑的声明，比如悄声说“你会失败的”“你会失业的”“他们会恨你的”。这些说法看似合理，而一开始你会倾向于相信他们，认为你的大脑的声音是在保护你。

第二，你内心的批评家会让你感到内疚，他会通过指出你过去做过的错事或错误的决定来证明你能力不足。

第三，你内心的批评家会使用极端的概括和荒谬的绝对性语句。以下是一些例子。

- “你永远也不会成功的。”
- “每个人都会认为你是个傻瓜。”
- “你做什么都会失败。”
- “你总是说错话。”

- “没有人在乎你怎么想。”

第四，他在成功和失败之间划出了一条明确的界线。不是成功就是失败，没有中间地带。更糟糕的是，你内心的批评家把成功的标准定得相当高。对于考试来说，如果你得了一个B，你就等于不及格；如果你做的饭菜不够完美，那你就相当于失败了；如果你在工作中做了一个报告，但是没有从每个参会者那里得到热情的表扬，那就相当于你失败了。

第五，你内心的批评家会用一种“世界末日”一般的语气来预测未来。他所做的预测通常是消极的，例如，你想约的女孩儿会对你说不行，永远不行，或者不可能，即使你是这个世上的最后一个男人也不行。你打算向客户展示的营销计划将会被当场拒绝，你想开始的副业将会以悲惨的失败告终，在这个过程中你会成为朋友们口中的笑柄。

你内心的批评家几乎肯定是你遇见的最让人不愉快、最讨厌、最无理的熟人，是时候消除这种消极的自言自语了。

从今天起你可以做五件事情来让内心的批评家闭嘴

以下是你可以做的一些简单的事情，它们可以帮助你抑制内心的消极谈话。这些谈话会严重破坏你的自信、自我价值和意志力。这些都是简单易行、省时省力的方法。我鼓励你从今天就开始尝试它们。

1. 在消极想法浮现的时候仔细地审视它

2005年，美国国家科学基金会（National Science Foundation）发表了一篇文章，声称我们每天会有1.2万~5万个想法。这篇文章还表示，80%的这些想法都是负面的。不管这些说法是否正确（有些人对此表示怀疑），我们确实会在一天中产生很多消极的想法。事实上，它们的数量太大了，以至于进入了我们的盲区，给了这些想法在表面之下酝酿的机会。

无论什么时候，你内心的批评家开始说话的时候你都要仔细审视一下他说的对不对。不要简单地忽略他，当然不要接受他的一面之词，要认识到他对你情绪把握、心理准备和心理韧性的破坏性。

2. 讲究证据

如果你内心的批评家说你是个失败者，说将会有大灾难来临，或者试图说服你还没有为计划好的任务或项目做好准备，那就去找证据，他可能会提到你过去做过的不成功的事情，但请记住，你一直在成长和改善，过去的失败不会限制你未来的成功。有鉴于此，这样的证据往好了说是不可靠的，往坏了说是完全错误的。

3. 对你内心的批评家每个过度概括的说法予以合理回应

回想一下你内心的批评家使用的荒谬的绝对性言论：总是、从不、没有人、每个人等。基于这些绝对的主张几乎是完全夸张的，没有什么价值。因此，最好的消除方法就是用合理的回应来反击它们。

假设你想提高公开演讲的能力，如果你内心的批评家妄自尊大，他可能会说："你永远都不能在公众面前讲话。"这种说法是可笑的，你可以反驳他："如果我做了足够多的练习，我肯定会进步的。”这是一个无可非议的期望，这样你就做出了和内心的批评家毫无根据的断言相反的回应。

4. 不要和消极的人在一起

每个人可能都至少认识一个长期消极的人。他们悲观、愤世嫉俗，而且习惯性地意志消沉。他们还会抱怨、批评，并且对任何事情都抱有负面的想法，和这些人在一起会让你情绪疲惫，更糟糕的是他们的消极情绪会高度传染。花太多时间和他们在一起，你会发现自己积极的心态就会逐渐消失。

要学会保护你的时间，不要让消极的人占用它。相反，多花些时间和那些坚持保持积极态度的人在一起。这些人往往是自信的、顽强的、乐观的、高效的，和他们在一起会重新锻炼你的思维和认知能力。

5. 假想给一个朋友提建议

我们倾向于善待我们关心的人，而不是自己。例如，在犯了一个简单的错误时，你可能会对自己说：“好吧，你真是太蠢了，笨蛋。”但你不会对朋友和亲人这样说，你会更支持和鼓励他们。例如，你可能会告诉他们：“这只是一个小错误而已，我们都会犯的，不要因此而感到沮丧。”你甚至可以通过描述最近犯过的一个类似的错误或者更大的错误来让他们感觉好一些。

下次当你内心的批评家做出粗鲁、不合理的断言时，想象一下你正在给一个朋友提建议，只不过把这个朋友换成了你自己。要保持善良和同情心，你会发现这样做会让你更容易原谅自己，带着决心继续前进。

你内心的批评家可以在很小的程度上起到有用的作用。他可以突出你做错的事情，这样你就有机会调整和改进。问题是，你内心的批评家从来都不会适可而止，他会毫不克制地发现每件事情都有缺点，慢慢地玩弄你的情感力量和心理韧性。不过有一个好消息，一旦你认识到内心的批评家只是用了一种诡计，是很容易识别出他的伎俩的，你就可以让他闭嘴了。

练习11

写下十个你在过去一周经历的消极自我对话的例子。例子可以是小的，也可以是大的，可以是有些令人厌烦的，也可以是非常折磨人的。

例如，你内心的批评家有没有告诉你下面这些事情？

- “你永远都减不了肥。”
- “没有人喜欢你。”
- “你穿这身儿看起来糟透了。”
- “你的朋友马可不回你的短信，他生你的气了。”
- “你没有那些人能干。”
- “你的老板会解雇你的。”

- “你的同事不尊重你。”
- “你是笨蛋。”

等你写完这十个过去的例子之后，对每一个问题写一个合理的回复，例如，在“你永远都减不了肥”旁边，你可以写“如果我少吃垃圾食品，每天走30分钟，我就会慢慢减下来”。

这个练习揭示了你内心批评家的声音是虚假的。此外，还训练了你的大脑本能地以怀疑的眼光去看待它的主张。

用时：20分钟。

意志力和动机的作用

让我从几个定义开始。意志力是朝着目标努力并愿意延迟满足的能力。假设你的目标是减轻7千克体重，抵制吃甜甜圈的冲动是一种意志力的表现，这是有自我控制能力的证明。

动机更难定义，简而言之，它是一种想要做出改变的冲动。这样的改变可能会以实现目标的形式出现（如通过减去7千克体重来改变自己），它还可能包括改善你的环境（如完成你的待办事项来缓解压力），提高对某个特定问题的认识（如提高对动物治疗的认识），或者改善重要事态的发展（如气候的变化）。如心理学家所说，它是参与、行为和本能的结合。

正如我所说的，动机比意志力更难定义。出于本书的写作目的，我将把重点放在那些促使我们改善环境的动机上。

话虽如此，意志力和动机对培养韧性有多重要？它们各自的作用是什么？你只有理解了意志力和动机是如何起作用的，才能回答这些问题。

意志力的实际机制

你有没有发现早上比晚上做艰难决定更容易？举个例子，你早上一从床上爬起来，面对着是要去慢跑还是看电视这一艰难的选择，相对容易地会选择穿上你的跑鞋去跑步。现在假设你结束了漫长而紧张的一天，下班回到家，你面临着同样的选择，是慢跑还是看电视。你选择延迟满足更难了，如果你在这种情况下，肯定会选择看电视。

这就是意志力的作用。它就像你油箱里的燃料，随着时间的推移，它会被用完。在一天结束的时候，燃料用光了，做出艰难选择的决心就消失了。

几年前，美国国家科学院的同行审阅期刊发表了一项研究，调查了外部因素对八名法官假释决定的影响，作者调查了1000多个样本。这个研究发现了一个有趣的趋势，法官做决定的时间越长，假释申请被拒绝的可能性就越大。显然，随着时间的推移，法官做出艰难决定就变得更加不易了，而且很容易做出错误的判断。

作者发现了另一个有趣的小数据，法官更有可能在午休后的短暂时间内批准假释。对这种现象的一种解释是“决策疲劳”，这是一种精神上的疲劳。你所做的决定越多，你做后续决定的意志力（就像油箱里的燃料）所剩越少。缺乏意志力让你很难做出艰难的决定，于是你选择了更容易的选项。

当我开始重点讲动机时，请记住这些机制。

动机（转瞬即逝的本能）的力量

你是否曾经被激励到非做某件事不可的程度？也许这种感觉是在你听了一场振奋人心的演讲之后才浮出水面的，又或者你得到了一个实现梦想的绝佳机会，又或者你的行为动机来自最后通牒（例如，你的老板可能告诉你，如果你没有完成每天的销售任务，你就会被解雇）。

动机是有目的性地采取行动的强大动力。改变环境通常是要付出代价的，这个代价可能是走出你的舒适圈，牺牲你的时间或资源。当你有强烈的动机去做出一个特定的改变时，你愿意为此付出更高的代价（例如，更努力地工作，投入更多的时间或者牺牲更多的资源）。相反，当你没有动机时，你愿意付出的代价就会直线下降。

这就是动机的作用。它很难驾驭，如果你没有运用好它的能力，你就不能持续有效地利用它，这也成了一种不可靠的资源。

话虽如此，有一个窍门可以帮你训练自己的思维以积极行动起来，即使你既缺乏意志力又缺乏动机，这里也有一种激励自己采取行动的可靠方式。

所以这个窍门是什么？这种窍门与你的心理韧性的发展息息相关。

在缺乏意志力和动机的情况下如何采取行动

你不必太在意意志力和动机，先放下它们。

在缺乏意志力和动机的情况下，采取行动的关键是依靠习惯。创造一些惯例和仪式来激励你自发地采取行动，一旦这些习惯养成了，你将不再会感到“决策疲劳”，你不再需要等待有动力去追求环境的改变，你的习惯将会激励你，你的习惯越稳定，你就越容易做出与你目标一致的选择。

回到最初的例子，你在劳累紧张的一天结束后，回到家里。你选择要么去慢跑，要么看电视，如果你想保持身体健康，你通常会在下班后去慢跑。你会发现，坚持这样做会变得很容易。这就是习惯的力量。你的大脑已经形成了现有的习惯，并将督促你行动起来，即使坐在沙发上看电视更能让人感到满足，你也会遵循你的习惯。

我之前讨论过习惯的重要性（在“心理韧性与你的习惯”部分）。我谈论了它是如何在逆境中支撑你的，这就是它在心理韧性发展中是至关重要的组成部分的原因所在。在这里，将它的可靠性与意志力和动机进行对比是很重要的。简而言之，你可以偶尔依赖一下习惯。

动机是一个值得深入探讨的话题，这背后有很多的科学依据，而且非常有趣，但这种讨论远远超出了本书的范围。

练习12

当你有想做喜欢事情的冲动时，在冲动行动之前先冥想5分钟。设置一个定时器，然后闭上眼睛调整呼吸。这个简单的练习可以训练你的大脑进行自我控制，这是一种让自己习惯不适感和延迟满足的简单方法，不会给你带来巨大的不便。

用时：5分钟。

写下五件能够督促你采取行动的事情，也许是读一本自我提升的书，也许是听某种类型的音乐，或者是当你和志同道合的人在一起时就会感到特别有动力。

接下来，写下五件让你失去动力的事情。这可能是吃甜食，迎合你的完美主义倾向，或者是花时间和悲观的人在一起。

这个练习将揭示环境对你动机的影响，一旦你意识到这些，你就可以做出明智的调整，更好地为你的长期目标而服务。

用时：10分钟。

自律的作用

我以前在美国的公司工作时，我同时开展了一项副业。我在我的卧室里经营副业，我每天早上4:00就会准时醒来开始做我的生意，直到我需要去办公室上班。然后晚上回家后，我又开始忙我的事，我一般午夜才上床睡觉。一天只睡4个小时，第二天早上就继续这样循环。

我这样坚持了很多年，咖啡是我最亲密的朋友。

除了咖啡，能让这一切维持下去的就是自律。这不是意志力，也不是动机，而是一种日复一日强迫自己去做自己不愿做的事情的行为。这是一件关于控制冲动，放弃暂时满足，忍受极度不便的事。

这不是健康的方式，绝对不是。虽然我发展了自己的事业，但我的身心都受到了影响。

但通过这种自我施加的挑战，我学到了关于自律的重要一课。首先，我发现，如果我足够专注于自己的目标，愿意强迫自己忍受任何不适，这种毅力可以帮助我战胜拖延症、优柔寡断、恐惧和懒惰。

其次，我认识到自律是心理韧性的先决条件，如果不先养成前者，就不能养成后者。在某种程度上自律的行为就是为了变得精神上更加强大而做的训练，就像是新兵训练营。

在这一节中，我将与大家分享我是如何养成自律的习惯的。如果你已经习惯了按规矩办事，可以直接跳到下一部分。但是，如果你在履行承诺并朝着目标努力的方面遇到了困难，或者忍受了一些不便，你会发现这个部分对你很有帮助。

让我们先来看看自律和意志力之间的区别。

自律vs意志力

许多人都认为自律和意志力是一件事，但是你已经知道了它们的意义是不同的。正如我在上一节中提到的，意志力是一种很快就会耗尽的有限资源。就像汽车里的燃料一样，你用得越多，它消耗得越快。我在美国工作的时候，我还在发展我的副业。朋友和家人常常说“你的意志力真强”，但是事实并非如此。意志力根本无法支撑我挨过那些自己强加给自己的惩罚（剥夺自己的睡眠和不被眼前满足感所诱惑）。

当然，意志力也是有用的，短暂的能量爆发能够刺激你采取有目的性的行动，这与你当前的欲望恰恰相反。但是以一种结构化的方式一遍一遍地重复一件事需要什么呢？这就需要自律了。

意志力可以帮助你在早上5:00准时起床，但第二天早晨当你宁愿待在温暖的被窝里时，自律才能够帮助你每天早上都能做到这一点。

意志力会给你控制自己不在下午吃垃圾食品的能力，自律会给你在可预见的将来戒掉垃圾食品所需要的自控力。意志力就像朋友，偶尔会陪在你身边，但大多数时候它都不在，它是靠不住的，而自律就像那个一直陪在你身边的朋友。不管环境如何变化，一旦你和它建立起了这种“友谊”，你就可以完全放心地依靠它了，所以让我来谈谈如何养成自律的习惯。

掌握自律的五个秘诀

其实，养成自律是没有秘诀的，这需要时间和努力，在这个过程中你也会有失败和沮丧，就像养成任何习惯一样。

提前知道这一点是有帮助的，如果你失败了，那么知道了这点能够让你尽快原谅自己，走出悲伤。要知道，如果你不是一个机器人的话，你肯定偶尔也会摔倒的。

在我努力养成自律习惯的过程中，以下五个秘诀经过实践证明是非常宝贵的，我敢打赌它们对你也有所帮助。

秘诀1：创造一个没有诱惑的环境

你会发现，当你把诱惑从你的环境中驱除时，抵制它们就会变得更加容易。假设你很难抵制垃圾食品的诱惑，解决办法就是你把家里、办公室小隔间和办公桌里的所有垃圾食品全都扔掉。靠近它们会刺激你的冲动，而远离它们就能够帮助你更好地控制住自己。

秘诀2：迈出一小步

再说一遍，就像养成其他习惯一样，不要立志一夜之间就能够养成自律的习惯，相反，你应该计划在几周或者几个月的时间里来采取小的、有目的性的、持续性的行动。然后庆祝一路走来的小胜利。

迈出一小步，承认一些小的成功会让进步变得更加容易，也会令你更有动力。它还能够训练你的大脑意识到你正在进步，你在逐渐控制自己。

秘诀3：制订行动计划

不要随便制订行动计划，要想出一个可行的策略，能够让你采取一致的行动。假设你希望每天早上都能记日记，不要以为你有了这种想法就能够这样做。你要提前计划，在日历上写上“日记”，每天早上留出15分钟的时间（比如，从早上6:30开始，到早上6:45结束），并把这当作一次与自己不可错过的约会。

秘诀4：习惯短期的不愉快

短期的不适是养成自律不可避免的一部分，重要的是要学会忍受当前的不适。延迟满足可以帮你实现自己的目标，另一种选择是立刻迎合你的冲动。例如，你想吃垃圾食品，你就会吃；如果你厌倦了工作，你就会辞职；如果有一个朋友惹你生气了，你就不会和那个人做朋友了。这就是自律的反面示例。

当你感到沮丧、烦恼或者有其他困扰时，要接受这些感觉，不要回避它们，要承认它们，但是不要向它们屈服。你越是能够这样做，就越能够加强对冲动的控制。

秘诀5：专注于眼前的任务

小说家雷蒙德·钱德勒（Raymond Chandler）曾经向他的朋友艾力克斯·哈里斯（Alex Harris）解释过他的写作原则。钱德勒在一封信中写道："我要么写东西，要么什么都不做……我发现这种方法很有效，因为我只给自己两个简单的选择：①你可以不写；②你别的什么都不能做。"

当我在美国工作的时候，这种观点给了我很大的帮助。当我睡眼惺忪地等着喝咖啡时，我会对自己说："你也不是必须现在就把这个网站建好，你可以选择不这样做。但是不这样做的话，你就必须坐在这里，别的什么也做不了。"我发现这招果然能让我投入地工作。

自律有很多种形式，但它最终归结为抵制住冲动并执行计划的能力。你可以学会这样做，从而为增强你的心理韧性铺平道路。

练习14

写下十五件需要靠自律来抵制或者执行的事情。这些应该是你经常遇到的事情，下面是一些可以帮助你上手的例子：

- 洗干净洗碗池里的碗碟。
- 一整天不看电视。
- 早上起床后整理床铺。
- 晨跑。
- 杜绝办公室里的流言蜚语。
- 早晨冥想。
- 在工作时不看手机。

在接下来的一周中，通过做那些你不想做的事情，或者避开那些你想做的事情来练习自律。这个练习可以训练你忍受住短暂的不适。

用时：10分钟。

如何防止轻易放弃

让我们快速回顾一下，我们前面已经讨论过意志力和动机了，你已经了解了它们的作用机理以及它们不可靠的原因。我们还讨论了自律的问题，了解了这是掌握心理韧性的一个重要的垫脚石。另外，我们还学习了一些可以帮助你养成心理韧性的策略。

在本节中，我将把这些概念转化为富有逻辑的结论。

心理韧性的核心是处理你遇到的挫折和挑战的能力，以及如何拒绝轻言放弃。这就要求你坚持计划，当事情出错时控制好你的情绪。

当你身处极端的逆境和困境时，精神上的坚韧与拒绝向失败和绝望投降是至关重要的。例如，当你失业、离婚，或者看到亲人去世时，掌握这一点是很有帮助的。但是当你生活中遇到一些小困难时，这也同样有用。事实上，正是这些微不足道的情况给了你一个每天都能锻炼心理韧性并从中受益的机会。

例如，你想坚持健康饮食，某天某些东西触发了你对垃圾食品的渴望。你整个下午都在狂吃甜甜圈、冰激凌和巧克力。毫无疑问，你会对自己的行为感到失望。你内心的批评家会劝你放弃健康饮食并试图说服你，你是缺乏这种决心的人。如果你的心理韧性很强大的话，你就会拒绝放弃。你会认为这只是暂时的挫折，然后第二天继续保持健康饮食。

你每天都会经历这些小的困境，在工作中，在家里，在你跑腿儿的时候，在你与朋友和爱人在一起的时候都会遇到困难。这就是心理韧性有可能给你带来巨大回报的地方。在你的日常生活中，你不可避免地会遇到一些琐碎而又痛苦的困境。

现在让我们仔细看看为什么我们会选择放弃。

放弃的五个常见原因

我们不喜欢把自己看成轻言放弃的人，但是我们中的大多数人在生活中的某个时刻，由于当时面临的障碍而选择了放弃目标。我们放弃了，不愿意继续坚持下去。

但关键是为什么？一旦你发现了原因，就能以一种高效的方式处理它们。可以调整自己的心态，养成更健康的习惯，从而在生活变得困难时，减少让自己放弃的次数。

以下是大多数人在遇到挫折时选择放弃的五个原因。

1. 没能"忠于"许下的承诺

你曾经设定过一个对你来说不重要的目标吗？你可能没把它当真。

我已经记不清我做过多少次这种事儿了，但不可避免的是，事情一露出困难的迹象，我就会选择放弃。当你对自己想要完成的事情没有真正的归属感时，就会发生这种情况，这并不是说你要全身心地投入你设定的每个目标。相反，当目标不再与你的长期目标相一致时，你确实应该放弃那些目标，但是如果你想在生活变得困难时坚持下去，你必须忠于你想要的结果。你必须对它负责。

2. 习惯于向诱惑屈服

在你养成好习惯的同时，你也养成了一些坏习惯，这些坏习惯之一就是被冲动所支配。你这样做的情况越多，这个习惯就会越变越顽固，面对逆境时你也会越快地放弃。

例如，你试图保持健康的饮食，你感受过垃圾食品的诱惑，也许你甚至会为自己的屈服找到合理的理由（如“我只吃一小口，没关系的”）。问题是大脑用一种狡猾的方式来说服你一次又一次地做出这样小小的让步。你这样做的时候，就会训练自己对这种冲动做出反应。

相反，如果你能成功抵制住冲动，你就能训练自己的大脑去忍受短期的不适。这就减少了你在遇到诱惑时放弃的倾向。

3. 很容易分心

你的头脑总是在寻找更容易的道路，这是合情合理的。你为什么要付出不必要的努力来达到想要的结果呢？你为什么要为此承受不必要的压力呢？简而言之，如果是没有必要的，你为什么要让自己经受这些痛苦和不适呢？

没错，这种心态是完全理性的，因此当你遇到障碍时，你的头脑会立即寻找阻力最小的路径。问题是这样的路径上有无数的干扰，例如，社交媒体、Netflix、手机和你的各种爱好。你甚至会被更简单的目标分散注意力。

当你分心时，如果遇到了困难，你就更有可能放弃这项任务或项目。你会关注于那些更简单、能够带来更少麻烦、复杂程度更低的目标。

幸运的是，你可以训练自己不被这些所干扰，就像养成任何好习惯一样，这需要时间。

4. 不清楚奖励是什么

你做的每件事情都是有目的的，你努力实现一个特定的结果，因为这个结果对你来说是能带来重要回报的。

例如，你努力学习，在大学里取得好成绩，是因为以优异的成绩毕业可以改善你的就业前景；你抵制吃垃圾食品的冲动，因为健康饮食可以减肥，让你更加朝气蓬勃；你把时间、精力和情感投入特定的关系，因为你希望这些关系能够使你受益终身。

当你清楚你的努力会得到回报时，你就更倾向于忍受一路上所面临的困难。但当这些奖励模棱两可时，你就更倾向于放弃，你理所当然地会问自己，忍受这种痛苦有什么意义呢？这就是为什么你应该清楚所做的任何事情能有什么回报的重要性，意识到这种回报将帮助你在复杂情况出现时抵制放弃的冲动。

5. 期望过于乐观

事实上，正如我在“心理韧性强者的七大特质”那节中所讨论的一样，乐观是好事。乐观对于培养心理韧性至关重要，但它必须是务实和谨慎的。

当你过于乐观的时候，你无法预测潜在的障碍和挑战，它们成了你的盲点。因此，你没有准备好有效地、有目的性地应对这些障碍，这不可避免地导致沮丧和挫折的发生，这时你更有可能选择放弃。

当然，你没有办法准确预测在某一特定的过程中可能出现的所有问题，但是你可以通过预期事情会出错，而且经常会出错来防止你的思想过于乐观，凭这一点就能帮助你抵抗放弃的冲动。

当你想要放弃的时候，问问自己这五个问题

当你想要放弃的时候，问自己一些探索性的问题是很有帮助的。你会发现，下面这些问题将阐明放弃的冲动是源于情感冲动还是理性决定。

如上所述，放弃可能是一个明智的选择。特别是当一个目标对你不再重要的时候，放弃是没错的。但是如果结果对你很重要，你应该想明白放弃的冲动是否有意义，而这需要你问自己几个尖锐、直接的问题。

1. 为什么你想要放弃

是因为需要付出太多的努力吗？花费时间太多了吗？是压力太大了吗？如果你清楚为什么想要放弃，你就能够判断这样做是不是理性的决定。

2. 奖励足够弥补你感到的不适吗

如果你经历了众所周知的折磨，那么回报一定得是值得的。如果不是，为什么要承受痛苦和悲伤呢？如果奖励是值得的，问自己这个问题，就当给你自己一个有力的提醒。

3. 你的目标是什么

你总是很容易忘记为什么一件事情对你来说很重要？你迷失在实现自己想要的结果的过程之中，忽视你想要实现它的原因。问自己这个问题给了你重新审视自己目标的机会，如果它仍然很重要，你可以下定决心坚持下去，否则你可以自信无悔地放弃它。

4．你想放弃是因为决心不够，还是因为你的想法改变了

当我第一次学习如何做一个网站时，我很热情地学习了所有关于底层代码的知识。但随着时间的推移，我的看法发生了变化，我对做一个网站的兴趣减弱了，而我对拥有一个访问量高的网站的兴趣提升了。

所以我放弃了最初的目标，雇了一个人来帮我建网站，我放弃了学习代码的目标，但我这样做的理由是合理的。

如果你想要放弃，问自己这个关键的问题，如果你的愿景改变了，放弃可能是正确的选择。然而，如果这种冲动是源于你的决心不够坚定，把问题暴露出来可以激励你重新许下承诺。

5．你会为放弃的事情感到后悔吗

问这个问题需要预测你今天所做的决定会给你带来什么样的感觉。

例如，你试图坚持健康饮食，如果你决定放弃这个目标，

一年后的今天你会怎么想？将来你会没有遗憾吗？或者将来你会因为做了这个决定而自责吗？

如果后一种情况可能发生，那就是你重新许下承诺的时候了，而不是屈服于这种放弃的冲动。

再次重申，如果一个任务、项目或者目标不再与你的长期目标相吻合，那么放弃这些目标并没有什么错。但是如果你因为缺乏决心而想要放弃，那么你要审视一下你的冲动。问问自己这些问题可以决定你是否应该放弃。

练习15

想想那些凭借自己的意志、毅力和坚韧来克服困难，面对重大逆境的人。这人可以是你的朋友、家人、熟人，甚至是你从未见过的名人。

例如，我有一个朋友，尽管疾病缠身，但是他却经营着一家蒸蒸日上的公司。还有我一个非常亲密的亲戚，家庭深陷经济危机，但他成功克服了危机，为家庭打造了一个成功、有意义的生活。

一个名人的例子就是伟大的篮球运动员迈克尔·乔丹。他高中的时候曾经被校篮球队赶出来，但是他坚持不懈地成了这项运动最著名的运动员之一。

反思你自己的努力、沮丧和最终的成功，不需要拿自己和这个人比，只是想想他们在攀登个人的高峰时表现出的韧性和毅力就够了。

现在请描述一个你曾经放弃但现在后悔了的事情，写下三件你原本应该像那些有毅力的榜样一样坚持做但没做的事情。

用时：15分钟。

无聊的好处

大多数人都一直在避免无聊。因为我们认为这是缺乏好奇心、缺乏兴趣的表现，这就意味着我们没法让自己感到开心。俗话说："只有乏味的人才会无聊。"

无聊，自然而然会带有负面的含义，这并不奇怪。对于成年人来说，无聊会让你感到不安，一些人甚至会因为处于这种状态而感到一丝罪恶。因为如果你感到无聊，就证明你还不够忙碌，效率不高。

这么说对吗？

不对。

事实上，无聊并不是坏事，它可以是一种馈赠，与其试图填补空虚，你应该享受这种无聊，甚至要为无聊而庆祝。因为这是一个让你思考所处环境、思考如何提高自我意识的机会。这会让你做好心理准备，并因此增强你的心理韧性。在本节中，你将了解到无聊不仅是不可避免的，而且是必不可少的，这是养成任何技能的基本部分，是一个提升自信心的过程。这部分还会讲一些建议，帮助你适应无聊，学会接受它。

无聊是精通的先决条件

以一项你已经掌握的技能为例，考虑一下在这件事上你投入的时间和精力，总结练习这项技能的经验。毫无疑问，在这个过程中你也曾经很多次感到很无聊。

大脑会受到新鲜事物的刺激，你对学习新技能并能加以利用和运用感到兴奋。但问题是，想要掌握一项技能需要练习和重复，当你一遍又一遍地练习某件事的时候，逐渐就会感到无聊了，你必须继续投入时间来保持你的熟练程度，但大脑实际上已经进入了睡眠状态，正在自动驾驶状态下工作。

所以这样说来，无聊是精通的先决条件。

任何人在掌握任何技能的过程中都会感到无聊，例如，你已经熟练掌握了如何弹吉他。你已经花费了数千小时去记住每一个和弦和音阶，可以干净利落地演奏吉他了，也学习了音乐理论来加深融会贯通的能力，你已经是专家了，一路上你肯定经受过极其无聊的时间，这就是大师的成才之路。如果你想要养成一项技能或手艺，无聊应该是在你预料之内的事。

精通是心理韧性的必要条件

为什么精通对你养成心理韧性很重要，因为精通给了你一种控制感，你越能够控制自己，就越有信心克服障碍，解决复杂的问题。

当你没有了解环境的相关信息时，你就缺乏控制感。这种感觉会让你感到毫无准备，缺乏取得成功的必要技能。在这种情况下，当你面对逆境时，你就更倾向于放弃。

例如，你正在为你的老板准备一份报告，这是一个很复杂的报告，需要你从多个电子表格中提取数据。假设你遇到了问题，你很快发现是你为提取适当数据而建立的公式有问题。如果你精通电子表格的使用，你就会对自己的调查和解决问题的能力感到满意，你会有一种掌控环境的感觉。因此你就会坚持把事情解决了，相信自己一定会成功。

但是，假设你很少使用电子表格，你也可以将数据输入单元格中，创建简单的公式，但你的能力仅限于此。在这种情况下，当你的老板要求你写的报告是很复杂的问题时，你就不会觉得一切在掌控之中了。你会觉得自己没有资格调查和解决潜在的问题，即使这样会让你的老板感到失望，你也更有可能选择放弃。

这就是精通对于心理韧性必不可少的原因所在。当你能够掌握与环境相关的信息时，你就相信自己，对自己的技术和能力更有信心。这种信心增强了你的韧性和决心，你认为自己有能力承担压力，克服道路上的障碍，因此你更有可能继续前进，而不是向失败屈服。

如上所说，精通总是伴随着无聊，后者是熟练养成任何技能所必需的组成部分。既然如此，就不应该刻意避免无聊。

我们应该接受它。

如何适应无聊

当你在执行一项任务感到无聊时，要提醒自己当初为什么要执行这项任务。你希望完成什么目标？为什么这个结果对你很重要？让我们回到前面的电子表格的例子，你正在处理电子表格，因为你的老板给你分配了写报告的任务。你希望写出一份对他有帮助的报告，这对你很重要，因为这会为你在老板面前树立一个良好的形象。这种好形象可能会给你带来卓越的项目，而这些项目反过来可能会给你提供升职加薪的机会。

你应该把注意力从手头的任务转移到更大的目标上，这会让你更容易忍受当前所经历的无聊，因为你的注意力集中在了长期目标上。

这也有助于让你意识到自己很无聊，无聊的感觉是很微妙的，它常常在你没有意识到的情况下就消失了。如果你能意识到自己正处于无聊的状态中并找出其中的原因（如重复练习技巧是很无聊的），这会让你更容易接受无聊，在它产生负面的情绪（压力、沮丧、消沉等）之前继续前进。

另一种应对无聊的办法就是把你现在正在做的事情当成一种游戏，这会让你觉得手头的任务很有趣。你甚至可以在达到特定的里程碑式成就时，给自己一点小奖励。

假设你正在练习弹吉他的音阶，你对这个音阶已经了如指掌了，所以练习很无聊。你不如把练习当成一种有奖励的游戏，比如定时5分钟，然后，试着反复和准确无误地演奏音阶。如果你成功了，那么就可以奖励自己吃一块喜欢的糖果。

或者假设你正在为你的老板处理上面提到的电子表格报告。这也是一项很无聊的工作，尤其是如果你擅长使用电子表格的话就更无聊了。所以把它变成一个游戏，定个时，尝试在接下来的3分钟内完成报告的一部分，或者想出一个你从来没使用过的提取数据的新方法。

另一个有效的策略是冥想，冥想训练了你的大脑专注于眼前。它可以使你的大脑对无聊无动于衷，鼓励你的大脑在当下寻求平静和快乐。你的大脑将会在没有刺激的情况下保持专注和放松，而不是寻找一些干扰来避免感到无聊。

无聊是培养心理韧性的最佳伴侣。这是过程的一部分，重要的是不要带有负面的情绪。当它与你的练习和磨炼的技能相关时，你应该学会欢迎它。毕竟，这表明你正处在精通技能的必由之路上。

练习16

写下你通常与无聊相关的感觉，有些是积极的，有些是消极的，下面是一些例子：

- 不安
- 失落
- 镇定
- 满意
- 易怒
- 愉悦
- 愧疚
- 乐观主义

- 悲观主义

接下来重新定义消极情绪。

例如，你在无聊的时候感到焦躁不安，找出原因。也许你从小就认为空闲的时间是没有价值的，你应该一直忙起来才行。在这种情况下，你可以把空闲时间重新定义为有机会放松和充电的闲暇时间。

用时：10分钟。

如何从失败中吸取正确的教训

失败可以成为一个热情高效的老师，也可以是一个严厉冷酷的老师。你从中获得的见解和价值最终取决于你从中学到的教训。

如果你把失败看成对你技能和能力严肃的评判，你最终就会害怕它。你会开始认为自己是无能的，不称职的。这种恐惧可能会在你的心中扎根，以至于你不愿意冒任何险。

相反，如果你认为失败只不过是一种反馈，你就会把它视为一个改进的机会。你不会因为这次没有成功而感到自卑，你会倾向于吸取反馈的意见并再次尝试。

这在很大程度上取决于你如何理解失败。你如何理解会影响你的情绪和思想，最终会影响你的反应。你对失败的认知，以及由此延伸出来的经验教训，会在生活变得困难时决定你是放弃还是坚持。

想想下面这句迈克尔·乔丹所说的话："在我的职业生涯中，我错过了9000多次投篮机会，输了近300场比赛。有六次，我的队员们都很信任地传球给我，希望我能够打进一记绝杀球，但是我都没有命中，在一生中我失败了一次又一次，但这也就是我成功的原因。"

如果这个命中率放在另外一个篮球运动员身上，他可能会做出完全不同的反应。他甚至可能有过放弃的想法，认为自己是一个糟糕的投手，不太可能掌握这项技艺。

再次重申，你对失败的看法决定了你从失败中学到的教训。从恰当的角度来看，失败对你的成长有非常积极的影响。

失败如何增强你的心理韧性

你可能听到过这样一句话："那些杀不死你的，只会让你变得更强大。"它通常指悲剧和不幸，但也同样适用于失败。如果你把失败看成一种反馈，它可以使你更坚强。每一件事情都会进一步降低你的敏感度，使你不再会暴露出严重的悲观情绪。

在这个过程中，当你面对不确定性时，你会变得更加勇敢。你慢慢地不再害怕做了错误的决定或者犯了错误就会产生消极的结果。一个消极的结果只不过是一种反馈，它给了你一个学习和提高的机会。

你越是准备好把失败理解为一种反馈，而不是一种证明自身能力不足的评判，你就会变得更加勇敢。最终你会抱着无所畏惧的心态，从每一个负面结果中吸取经验教训，当你面对挫折和不幸时，这些教训会鼓励你，增强你的心理韧性。

我在“你的态度是如何影响心理韧性的”这节中讨论了拥有成长型心态的重要性。你从失败中学习的意愿和准备与这种心态完全一致，这是对你的不完美的承认，也是对你有能力学习任何需要的能力并坚持下去获得成功的承认。

这种态度影响着生活的方方面面，它影响着你在学校、工作场所、家里以及与朋友和爱人在一起时的决定和行为。它塑造了你对意外挫折和情绪困扰的反应，当你从失败中吸取正确的教训时，你就进一步增强了自我意识，增强了应对压力和克服挑战的能力。

当你失败时要吸取的五个教训

那么，你应该从失败中学到哪些正确的教训呢？你怎样才能确保自己最大限度地利用了这个反馈呢？以下是只要你愿意把失败视为进步和成功的垫脚石，就会给你带来回报的五件事。

1. 成功往往是经历了多次失败之后才出现的

伟大的棒球运动员贝比·鲁斯（Babe Ruth）被誉为“三振王”和“本垒打王”。他曾经说过：“每一次的全垒打都让我离下一次本垒打更近了一步。”他认识到失败并不是最终的结果，这只不过是他实现卓越成就道路上的一个里程碑而已。

2. 每一次失败都提供了宝贵的经验

经验比成功更有价值，它给了你一个了解自己能力的健康视角。它还使你意识到自身的局限性，突出值得注意的缺陷，经验是个人成长所必需的。

每当你没有达到预期的结果时，你就会对决定和行动与结果之间的联系有更深的理解，这个认识为你未来的决定和行动提供了依据，你获得了意识和洞察力，效率有所提升。当结果不如你的期望时，反而会让你变得更加坚韧不拔。

3. 坚持胜过一切

发明家托马斯·爱迪生对失败非常了解，经过几千次失败的尝试，他才成功地发明出了灯泡。爱迪生后来谈到这次经历时说："我没有失败，我发现了1万种行不通的方法。"

他明白，在失败面前，坚持不懈是最终成功的关键。总之，拒绝放弃比智力、才能和教育都更重要，毅力是心理韧性最清晰的表现之一，当你失败时，毅力胜过一切。

4. 恐惧是多余的，也是徒劳的

恐惧会阻止你采取行动。许多人在直觉上会害怕失败，你会对自己做的事情可能带来的负面结果而瑟瑟发抖。你担心会出洋相，这就是你很难走出舒适区去冒险的原因。经历失败（并且拥有在失败后继续前进的勇气）的好处是你慢慢地对消极结果不再那么敏感了。你知道这样的结果并没有你想象的那么可怕，简而言之，你开始意识到之前的恐惧被夸大了。

一旦你习惯了失败，把它看作学习和提高的机会，随之而来的恐惧就不再对你产生影响。为了改善你的近况，你会更乐于冒一些经过深思熟虑的风险。

5. 你决定了自己如何看待失败

当你面对失败时，你的认知韧性最大的障碍就是你的情绪。在“心理韧性和情绪掌控”这节中，我讨论了在自我意识、同理心和自我控制背景下的情绪。这些概念与你对失败的看法相吻合。

你可以选择如何回应失败，你可以选择接受失败所激发的负面情绪（如痛苦、恐惧、羞耻、沮丧等），或者你把失败理解为学习机会的话，可以选择重塑失败，并赋予它积极的情绪。这样，你就可以把兴趣、希望、灵感、自豪，甚至感激联系起来。这些积极的情绪可以帮助你对正在发生的个人高效成长保持乐观态度。

大多数人都是被吓大的，问题是很多人在成年后都没有摆脱这种恐惧。它深深地藏在你的心底，支配着你的决定和行动，阻止你去冒险。所以请你走出舒适区，当生活遇到困难时坚持下去。

当你重新定义失败时，改变你对它的看法，就给了自己一个利用它的积极价值的机会。当你遇到障碍、挑战和挫折时，这个习惯会增强你的韧性。

练习17

描述一个你失败的情况，无论是大的失败还是小的失败都没关系。写下发生了什么，以及你的决定或行动（或者你什么都没做）是如何导致了这个消极的结果的。

接下来描述一下你对那次事件的感受，你是否感到了内疚、愤怒或气馁？最后思考一下你是如何把失败变成成功的。

这里有一个例子给你做示范。我在高中的时候自学了弹吉他，我开始尝试的时候很尴尬，怎么都弹不对，一次又一次地失败。

那时我经常情绪失控，我经常因没有弹好而惩罚自己，愤怒、沮丧、失望一下涌上心头。不用说，这对提高我的技术毫无益处。最后我决定摆脱这些负面情绪，我承认了这些情绪的存在并继续前进。我承诺每天早上4:30起床，在去学校之前练习几个小时。

结果呢？我慢慢养成了习惯并磨炼我的技术达到了令人满意的程度。

现在到你啦！

用时：15分钟。

海豹突击队是如何培养心理韧性的

经过训练和选拔成为美国海豹突击队队员的人都很擅长抵制诱惑，他们经历了长达26周艰苦的基本水中爆破训练，然后还要接受26周的专业海豹突击队资格训练。

训练要求极其严格，旨在淘汰除了最强者之外的所有人，注册者中只有1/7能够毕业。尽管人们都普遍认为该训练肯定注重身体素质的优越性，但事实并非如此。前海豹突击队队员及海豹狙击手教练布兰登·韦伯（Brandon Webb）在他的《红圈：我在海豹突击队的生活》一书中透露了一个令人惊讶的事实，他提到："普通男性运动员就可以通过海豹突击队的资格训练。"

那为什么从该训练项目中毕业的学生少之又少呢？韦伯在《红圈》里还提到："资格训练真正培养的是你的精神素质，它旨在一次又一次地把你的精神推向崩溃的边缘，直到你变得坚强起来。无论遇到什么情况，甚至直到你崩溃了，你都能保持信心。”

你可以从海豹突击队队员身上学到很多关于心理韧性的知识，本节将探究他们的心理决心，并了解他们在战场上应付逆境的实际战术。

心理韧性胜过身体韧性

毫无疑问，海豹突击队队员需要有过硬的身体素质来应对工作相关的挑战。他们的职业要求很高，然而正如韦伯所说的，一般的男性运动员都符合训练所要求的身体素质，运动员们经常锻炼身体以保持最佳的体型。

但是精神训练更占上风。

海豹突击队队员经常被置于敌对和极端的情况下进行训练，这会引发自然的恐惧反应。在这些情况下，他们可能会被这种与恐惧相关的情绪所淹没。他们所接受的心理训练，目的就是为了能让他们对这种恐惧感到麻木。

许多人都认为海豹突击队队员是无所畏惧的，但这是一种误解。海豹突击队队员和我们一样都会感到恐惧，不同的是他们已经学会控制它了，以便他们能够继续前进，完成他们的任务。这可能是由于一种被称为“习惯化”的心理训练策略。

习惯化，包括反复的接触刺激，而刺激会引发不良的反应（在这种情况下就是恐惧）。使个体频繁地暴露在刺激之下，可以减少产生的不良反应。通过这样的训练，海豹突击队队员学会了征服和克服恐惧，这样他们才能做好自己的工作。

请注意海豹突击队队员身上的韧性。他们的训练有助于养成心理韧性，而不是排斥恐惧。这帮助他们增强心理韧性，而不会受恐惧的控制。否则，恐惧会限制他们在危急时刻的行动效率。

现在，让我们来看看海豹突击队用来增强心理韧性和心理准备的一些训练战术。

海豹突击队应对逆境的五种战术

海豹突击队所采用的训练战术是可以迅速化为己用的。重点不在理论上，而是注重实际应用。下面，我将根据海豹突击队提出的五个战术，解释如何将它们应用到你的日常生活中去。

1. 练习积极的自我对话

基本水中爆破训练包括戴着呼吸器待在水下，这就是所谓的“泳池比赛”。当受训者在水下时，他的教练会拿走他的呼吸设备，学员必须保持冷静，解决问题。积极的自我交流是避免恐慌和成功通过测试的关键。

应用：不论是在上班还是在家里，只要你感到不知所措，就提醒你自己，你的技能、能力和知识将帮助你解决困境，告诉自己要保持冷静和放松。提醒自己，你目前遇到的情况只是暂时的，慢慢地就会过去的。

2. 在你掌握了某个技能之后也要继续训练

海豹突击队必须掌握各种各样的知识，问题是他们并不是时刻都需要使用这些技能。海豹突击队会有很多休整时间，如果他们忽视了练习技能，他们就会对技能感到生疏，所以他们会一遍又一遍地训练，以确保他们在有工作时能够胜任工作。

应用：坚持练习那些对你的长期成功至关重要的技能，即使你觉得你已经对它们了如指掌了，也要试着每天都使用它们以保持熟练度。例如，写作显然是作家生活的主要部分，但是作家在写一本书和另一本书之间很容易有空档期。许多作家，包括我自己都会抵制住这种诱惑，每天坚持写作，保持写作“肌肉”处于最佳状态。

3. 关注小的成功

像大多数人一样，海豹突击队队员也会为自己设定目标，但他们的目标并不能帮助他们忍受与工作相关的精神惩罚。为了保持内心强大，实现他们的目标，他们必须会“分解”，把大目标分解成小的目标。例如，他们的目标不是要完成32千米的跑步，而是专注于到达在远处小路上的那棵树，一旦到那棵树时，他们就会集中精力，爬上视线之内的一座小山，以此类推，直到他们完成32千米的跑步。

应用：把让人望而生畏的项目分解成小的部分。理想情况下，这些步骤可以在一天内完成。假设你的任务是在工作场所做一场演讲。分解这个项目，写下每一个步骤，包括选择主题、编写内容、准备幻灯片和思考出向观众提问的问题。你可以进一步把内容分段写成自我介绍、演讲主体和演讲内容。

4. 可视化想要的结果

这是海豹突击队和世界一流运动员（如奥运会运动员）的共同点。他们会在心里预演一遍活动的进行，想象成功后的情景。根据心理学家的说法，这种方法之所以有效，是因为大脑无法区分实际体验和想象体验。由于这种认知上的巧妙，可视化为你的大脑做好了成功的准备并在这个过程中压制你的恐惧。

应用：如果你担心自己做不好接下来的事情，你可以想象自己可以成功完成。假设你要在工作场所做一个大型的报告。你很担心，请你闭上眼睛，想象自己在做演讲，让自己完成演讲的每一步，具体到每一段内容和每一张幻灯片，可视化地完成你的演讲，坦诚地回答观众的问题，预想你在理想状态下会呈现的样子。

5. 推测所有可能出错的事情

海豹突击队的心理调节很大一部分就是要控制自己在逆境中显露出来的恐惧。对大多数人来说，不利的环境只会招致不愉快和沮丧，而对海豹突击队队员来说，这些情况可能是致命的。

为了对抗这种恐惧，海豹突击队队员坚持不懈地演练，试图预测每一个可能阻止他们完成任务的问题。在高强度的训练中，他们运用“头脑风暴法”思考意想不到的复杂情况，并演练对这些情况的反应。

应用：如果你正在忙一个项目，并且担心可能会出现某些错误，请考虑你可能遇到的不同情况有哪些，此处让我再次以做展示为例。你正在使用的播放幻灯片的视听设备可能会出现障碍，如果发生了这种事，你该怎么办？你可能会忘记你演讲的一部分内容，那么你将如何应对？你的听众可能会问你一个你不知道答案的问题，你将如何回应这个观众？试着预测每一个可能出现的复杂情况，然后演练自己的做法。这样你会感到更加放心，更有信心，你将能够处理出现的任何问题。

为了克服恐惧，有效地完成任务，海豹突击队队员必须具备坚强的心理素质，你可以借鉴他们的训练方法来养成自己的心理韧性。他们用来确保作战效率的战术可以帮助你应对日常生活中出现的逆境、不确定性和不幸。

练习18

写下三件让你沉浸在恐惧、自卑和消极自我对话中从而无法采取有目的性行动的事件。描述一下你如何使用海豹突击队队员惯用的心理战术来解决这三种情况。

用时：10分钟。

第三部分

提升心理韧性的快速入门指南

我前面已经讨论了很多内容，如果你想提升心理韧性，本书每一章节后面的练习题都是很重要的。但是不可否认的是，这些东西很多都需要你进一步消化。当你面对堆积如山的技巧、战术、策略还有练习时，你可能会感觉难以承受。

这就像你去了你最爱的那家自助餐厅，你很喜欢这里所有的美食。你该从哪里开始呢？你如何好好享用这顿大餐呢？

第三部分将帮助你快速入门。首先，我们来看看心理韧性在现实生活中的几个应用。这将进一步强调心理力量作为应用心理学的概念，拉开其与理论心理学的距离。我要讲一些经验性的内容，不那么抽象，更注重现实的结果。

其次，我将带你进行一个十步的养生法则训练。这个计划优先考虑了基本的东西，这是一个入门指南。毫无疑问的是，随着你的进步，你要扩充自己的法则来适应你的情况。

最后，一旦你开始养成了心理韧性，你就将学会如何维持这种韧性。我在这本书中所讨论的从情感掌控到心理准备的一切，结合起来，形成了某种类似肌肉的记忆性。就像肌肉一样，你用得越多，它就变得越强，你用得越少，它萎缩得越快。我将分享几个策略给你，以确保心理韧性这块肌肉能够持续发展。

好了，我已经说得够多了。你马上就要到终点了，把目前为止讲过的方法都用上吧！

心理韧性的实际应用

从概念上讲，心理韧性是有实际意义的。但是，这个话题很容易就变成学术型的话题，从未触及合法的真实生活中的实际性和严重性。如此说来，谈论心理韧性就像讨论如何变得更勇敢，更自信，更有自我意识，更有魅力，更不内向。而作为一个自我完善的目标来说，它仍然是虚无缥缈的，直到你学会将它应用到实际生活中，它才有了实际的意义。

本节内容弥补了这个空白。下面，我将探讨在困境中，心理韧性是如何在生活的各个方面给你带来回报的。我将举例说明心理韧性的多种形式，并描述如何从实际应用中获益。

其中一些例子对你来说可能意义不大，但是，这正是本节的目的。本节将向你展示心理韧性可以为你带来无数微小的好处。为了达到这个目的，接下来只是一个起点。毫无疑问，你可能联想到了许多方法来运用韧性、冲动控制、情感力量和心理准备，这些都是你所处的环境特有的。让我们从家庭生活开始吧！

在家的心理韧性

一想到在家，你就会感觉很舒适，很放松。当然，就像在其他任何地方一样，困难的情况在家里面也会出现。你不能控制发生在你身上的每一件事，因此你经常被迫去处理那些考验你耐心和决心的事情。

例如，你家里有一个小孩儿，你很清楚经常会遇到哪些烦心事。或者假设你找不到一件珍贵的传家宝，然后震惊地发现，原来是你的一个家人毫不吝惜地把它当废品扔了。又或者你想集中精力看一本书，但是附近的建筑工人发出了很大的噪声，让你无法集中注意力。

这些情况都会引起大量的负面情绪，不健康和没有回报的情绪会渐渐发酵。精神强大的人需要控制这些情绪，这包括忍受压力和适应环境，尽管可能这些环境本身让人很不愉快。

工作中的心理韧性

工作场所是沮丧、苦恼和失望的温床，考虑一下你每天都要和各种各样的人打交道。不仅每个人都有独特的个性怪癖，而且他们的情绪也会随着个人的情况而变化，那可能是一个个虚拟的雷区。

此外，你可能会遇到挫折，比如，不能在最后期限前完成任务，不能完成销售指标，以及错过了预期的促销机会。此外还有办公室政治，在这种政治中，无论是隐性的还是显性的奖励和惩罚，都是根据目前谁是最受欢迎的人，谁是不受欢迎的人来分配的。

在这种环境下，控制好你的情绪是保持理智的关键，同样重要的是让你内心的批评家（你的同事很乐意扮演这个角色）闭嘴，保持积极的态度，庆祝自己小小的胜利。记住，心理韧性是来源于你自己的，与他人的认可与否无关。

自由职业者的心理韧性

如果你是一个自由职业者，你对挑战、挫折和其他困难的情况并不陌生。从处理脾气暴躁的客户，追讨未付的发票，到与你的竞争对手比较时自愧不如的心情，自由职业者一直是一条艰难的道路，成功需要坚强的意志。

一个感情脆弱的自由职业者，总是很难适应自己的生活，这个人会不断地质疑自己的能力，他会觉得自己是个外行。这种自我怀疑是一种极其令人沮丧的困境，尤其是当客户没完没了地抱怨，三番五次地要求你修改合同，迟交发票的时候。那些心理韧性强大的自由职业者，能够更从容地应对这些困境。他们能够与有亲和力的客户高效地合作，会专业地回应修改要求，会自信地处理迟交的事情。

心理韧性可能是自由职业者最好的朋友。

学校里的心理韧性

我们很少认为学校是一个需要高强心理素质的环境，但事实上，学校和工作场所一样，也是痛苦、失望、焦虑和绝望的温床。此外，学校的社交动态本身也让它变得更加可怕。

在这样的环境中，心理韧性扮演着什么样的角色呢？

当你想补觉的时候，为了考试而学习的你，需要控制住这种冲动；在你投入了大量时间和精力后成绩不佳时，你需要情绪控制；在生活处处与你作对，让你很难按时完成任务时，积极的心态也会成为你不可或缺的资产。

在某些方面，学校会比工作场所带来的心理压力更大。心理韧性可以帮助学生管理压力，适应不利的环境，甚至使他们在情绪上不那么容易受伤。

竞技体育中的心理韧性

如果你参加竞技体育项目，你就应该知道心理韧性（或者缺乏心理韧性）是如何影响你的表现的。此处，我举出几个例子来说明这一点。

在项目练习过程中，你的身心会变得筋疲力尽，以至于你想要放弃。当你觉得油箱里已经没有油的时候，是你的毅力和决心还能够推动你继续前进。

当和别人竞争时，你可能会感到自我怀疑，你会质疑自己的能力，你真的有你的竞争对手优秀吗？他们是不是都比你厉害？比你更快？比你更好？比你更强？当这些问题浮现时，你就会开始感到焦虑和注意力不集中。你甚至会觉得自己真的不如竞争对手。

心理韧性将会帮助你集中注意力关注你的表现，保持冷静的头脑。将成功可视化也会帮助你消除自我怀疑，而对自己努力获得的能力有信心将消除心理压力。一个心理素质过硬的运动员要相信自己，时刻保持积极的态度，避免消极的自我对话，尽管遇到障碍，仍然能够表现得很好。

心理韧性和你的目标

设定个人目标很重要，因为目标给你指明了目的地，帮助你专注于想要完成的事情，指引你前进的方向，也指明了你的目的地。这个方向能够帮助你做出最好的决定，并采取有目的性的行动。

问题是，实现目标所需要的努力往往与你的冲动背道而驰。假设你的目标是每周去健身房锻炼五天，那你有可能偶尔会忍不住想放弃锻炼，躺在沙发上，打开Netflix看最喜欢的节目。

假设你的目标是减去9千克的体重，你决定远离垃圾食品。如果你曾经尝试过不再吃糖，你就会亲身体会到对糖的渴望是多么强烈。

假设你的目标是每天认识三个陌生人，但你是一个内向的人，向陌生人介绍自己对你来说都是一个很差的提议，你偶尔会想要放弃你的目标，走回你的舒适区。

在每一种情况下，当欲望和诱惑浮出水面时，心理韧性都会增强你的决心。事实上，心理作用在实现任何目标时都扮演了重要的角色。成功取决于你抵抗冲动的能力。坚韧、自律和情绪掌控的精神力量是你控制冲动的必要条件。

当你面对生活中的重大困难，如离婚、失业或亲人去世，心理韧性都是至关重要的。但是将心理韧性有效地应用在处理生活中的琐事上也是很有必要的，这些小事每天都会发生。虽然它们对结果影响较小，但是累积起来就会对你产生巨大的压力。

现在请你来完成一个简单的十步心理韧性训练计划。这将确保你以正确的方式开始，为后续的发展打下基础。

增强内在力量的十步训练计划

谈论如何养成心理韧性是一回事，实际操作又是另一回事。这件事十分复杂，以至于很难入手。

在本节中，我将向你提供一个简单、快速的入门计划。该计划包含十个步骤，每步都关注一个重要的心理韧性原则。请注意，以下内容远远不是完整的百科全书式的思维倡议，它只是为了能够让你快速上手并正确起步的计划。事实是，我不可能为你创建一个包罗万象的行动计划，因为一旦你掌握了基础知识，培养心理韧性就变成了个人的旅程。

所以，请你开始培养这些技能和知识，有效处理生活中不可避免的挑战、复杂情况和压力。

第1步：思考如何将心理韧性应用到实际生活中

想要正确着手的关键是，不要把心理韧性当成一个抽象的概念，你要把它想象成对你有实际价值的东西。在前一章中，我们探讨了它的众多实际应用。在这里，考虑如何将你新养成的心态应用到个人环境中去。

一旦你确定了实现目标的目的，你的目标和愿望就会变得更容易实现。所以可以问问你自己，你是否想要养成心理韧性？它将如何改善你的生活？例如，它能帮助你在节食时抵制垃圾食品吗？它会用纪律约束你每天坚持锻炼吗？它会给你提供情感力量来面对失去至亲这种痛苦吗？

养成心理韧性是一件很困难的事情，明确目标可以帮助你在奋斗的路上坚持下去。

第2步：分割目标

设定目标对你来说并不陌生，事实上，你正在阅读本书，这意味着自我提升对你来说很重要，而且没有目标是很难提升自己的。

话虽如此，仅仅设定目标，甚至设定了正确的目标都是不够的，关键是把你的目标分割成易于管理的小目标。在“海豹突击队应对逆境的五种战术”那一节中，我讨论了分割目标的练习，海豹突击队队员用这种方法来忍受工作带来的精神压力，他们用这种方法来避免自己不堪重负。

这和长跑运动员在马拉松比赛中使用的技巧是一样的，当他们身心俱疲时，他们不会关注终点线，而是关注眼前的下一个点。一旦他们到达那个点，他们就会关注眼前的再下一个点，他们一遍又一遍地这样做，坚信自己最终会到达终点线。

分割你的目标可以帮助你在遇到困境时，抵抗放弃的诱惑。

第3步：把困难的情况重新定义为改进的机会

养成心理韧性的成功与否取决于你如何看待环境。如果你把逆境和不幸看成苦难，那你就会成为无能为力的受害者，会倾向于失去信心。与之相反的是，如果你把逆境和不幸看成学习的机会，你就更有可能考虑其积极的一面，这是一个关于重新定义你如何看待具有挑战性场景的问题。

假设你是一名自由职业者，正在和潜在客户讨论一个项目。但客户最后退缩了，完全拒绝了你的建议。在这种情况下，如果你习惯性地认为自己是消极情况下的受害者，你会本能地质疑自己的能力和技能。如果这种情况反复发生，你甚至会开始认为自己毫无价值，并试图关闭你的企业。

但假设你用积极的态度看待客户的拒绝，例如，你可能把它解释为需要对定价结构进行改进（如收取更高的费用会带来更好的客户），你可以把它看作对你原则的肯定（如你愿意或不愿意做的工作类型）。通过重新定义困难的情况，你可以选择从中得到不同的看法，这种心态的转变会让你在事情出错和感到绝望时，受到鼓舞，坚持下去。

第4步：练习控制消极情绪

情商是一个涉及诸多学科和领域的概念，如同理心、自我意识和自我调节。这些问题不在本书讨论的范围之内，但你仍然可以从探索如何控制情绪而不迷失的这一过程中获益。

正如我在“心理韧性和情绪掌控”那一节中所提到的，负面情绪是自然而然产生的，事实上，它们在集中注意力和激励自我方面非常有用。问题在于焦虑、愤怒和恐惧这些情绪会扑面而来，让你不知所措。这种情绪哪怕只有一点点，就足够让你感到很大的压力。

你不应该抑制负面情绪，相反，你应该学会管理它。最好的方法就是，质疑你的感觉是否符合逻辑，是否理性。如果结论统一，当事情出错时，你就更容易采取有目的性的行动并做出最佳决定。

假设你的退休金投资组合在市场上损失严重，资产总额下降了25%，你感到很生气，担心自己的投资不足以支撑你度过退休生活。停下来，喘口气。现在问问你自己，这些负面情绪是否有道理？根据经验可知，市场通常会在下跌后很快反弹，持续数年以上的长期下跌（熊市）是十分罕见的。有了这种认识，你就更容易控制自己的愤怒和担忧，与其让它们使你举步维艰，还不如做出好的决定并采取明智的行动。例如，将你的投资重新分配到更有前途的领域。在这个例子中，你的愤怒和担忧会影响你的决定，它们促使你采取行动，而不是使你丧失能力。

控制负面情绪并不那么容易，但是你越坚持使用这个技巧，就会变得越来越容易。

第5步：可视化你的表现

这一步是十分简单、轻松的。以下是具体做法：当你想做一件事时，闭上眼睛，在脑海中想象自己正在完美地完成它。然后，想象一下你将如何应对各种挑战。在你的脑海中预演这一切有两个重要的作用。第一，它训练大脑能对成功满怀期待。吉米·阿佛瑞莫（Jim Afremow）曾经在《青年冠军的心态》一书中写道："……大脑一般区分不清真实和生动的想象，因为在大脑中产生这两种体验的是同一个系统。"

当你想象某件事情能成功时，你的大脑会认为这是真的，因此，可视化可以提高你成功的机会。这就是为什么世界级的运动员在比赛前也要使用这个技巧的原因，如果这对他们有效，那对你也同样有效。

第二，内心的预演是你为每个可能出现的紧急情况做的应急准备，当你想象自己会如何应对各种挑战时，你就训练了快速反应的能力，而不是被迫面对每个挫折并做出适当的回应，因为你的回应已经提前准备好了。你会花更少的时间来思考你的处境，当你遇到障碍时也能快速回归状态。

第6步：管理你内心的批评家

就像负面情绪一样，你内心的批评家可以是你的朋友，也可以是你的敌人，这在很大程度上取决于你对他的控制。（有关内心批评家的更多内容及驯服他的有用策略，见"心理韧性和内在批评”一节。）

内心批评家所具有的超能力之一就是灾难性思维，他假定最坏的情况会每次都发生。这种观点违背逻辑和理性，也阻碍了你在面对逆境时坚持下去的意愿。

假设你试图远离含糖食物，有一天你忍不住吃了一个甜甜圈，你内心的批评家就会试图说服你，这个错误将会给你带来灾难性的后果。他会告诉你，你永远无法坚持健康的饮食习惯。你将不可避免地变成病态的肥胖者和可怜的懒惰者，你将成为周围所有人的笑柄。最糟糕的是，他认为这证明了你注定会失败。

你内心的批评家可能很讨厌。

你可以通过练习积极的自我对话来学会控制这种内在的消极对话，这并不意味着告诉自己一切不真实的事情，相反，这是说你需要进行积极的思想管理，包括肯定你的优点，承认你的缺点，并认识到自己有能力随心所欲地改掉缺点。随着时间的推移，你内心的批评家就会发现，他已没有听众了。

第7步：融化“情感冰山”

“情感冰山”涉及很多内容，包括你如何看待自己的个人信念，你认为身边的人应该如何表现，以及你在世界上的位置。你对这些冰山只了解部分，它们就像真正的冰山一样——只露出了一角，大部分的实体都在水面之下。

因此，即使它们与你作对，你也常常意识不到它们的存在。

以下是一些“情感冰山”的例子：

- 我做的每件事情都应该是完美的。
- 生活应该是公平公正的。
- 如果我失败了，那是因为我本身就是个失败者。
- 表露自己的感情是软弱的表现。
- 如果我为父母做了些什么，他们应该感谢我。
- 我的同事们应该尊重我。
- 我应该避免冲突。

“情感冰山”是阴险的，它们狡猾而微妙，慢慢侵蚀着你的决心、毅力和控制冲动的能力。更糟糕的是，其中很多都在你的童年时就深深植根于你的心灵。

你摆脱它们的秘诀就是挑战它们，就像你会挑战内心的批评家一样。每当他做出谬论的断言时，或者当你发现自己本能地以一种不健康的方式应对一个具有挑战性的情况时，停下来调查一下原因。

假如你无意中惹怒了一个人，然后赶紧把事情平息下来，你的首要任务是确保他不再生你的气。停下来问问自己为什么要这样做，是因为你相信每个人和你在一起的时候都应该感到很开心吗？如果答案是肯定的，问问自己这个信念是否正确，这合理吗？

通过不断地挑战你的“情感冰山”，你可以逐渐融化它们，从而使它们变得不那么可怕。

第8步：练习快速从挫折和失败中振作起来

你有没有见过一个人在遭遇不幸之后马上就回到了生活的正轨？他似乎把事情变得很简单，你可能想知道这个人是怎么做到的。

他很有可能已经进行了大量的练习，这是培养心理韧性的宝贵经验。没有人一出生就知道如何在挫折之后振作自己，这不是天生的，而是后天习得的。根据经验可知，失败很少是灾难性的或毁灭性的。当你跌倒时，可以爬起来拍拍身上的灰尘，继续前进。

你进行越多的练习，这一过程就变得越容易。从失败中快速恢复过来的关键有两个方面。第一，你需要立即正视你对失败的看法。第二，你需要重新审视自己的能力、创造力和自我价值。假设你在工作中做了一个很糟糕的报告，如果你很容易受到消极想法的影响，你可能在自责中崩溃。你会认为自己没有能力、不够专业，甚至没有能力指导他人或做报告，所以你可能决定再也不做报告了。

但是假设你对失败有一种完全不同的心态，当消极的想法浮现时，你会立刻反驳它，因为你知道它不是真的，然后你提醒自己，你是技能完备、知识渊博、有创造力、足智多谋的。从这个角度来看，你可以很快从挫折中恢复过来，一旦你弄清了报告失败的原因，你就会确信下一次的报告一定会成功。

从挫折中振作起来的练习越多，经历挫折后的沮丧就会越少。你最终会发现，掸掉身上的灰尘，重新回到正轨会成为一种本能。

第9步：培养自我约束和坚持不懈的习惯

你从本书的讨论中了解到，意志力和动机都是不可靠的。当你希望能在艰难困苦中坚持下来时，你不能指望意志力和动机。一个更好的策略是，养成能增强你决心的习惯或惯例。

你是否曾经有过闹钟还没响就醒了，但不想逃离温暖的被窝而继续躺在床上的经历？然后闹钟响了，你终于下了床。闹钟是一个诱因，它开启了你早晨刷牙、洗澡、穿衣、喝咖啡的惯例。这些惯例是一系列的习惯，都是自然发生的，其实你发现做第一个不愉快的动作（起床）是很困难的。

正如在“心理韧性与你的习惯”那一节中我提到的，当你需要克服障碍时，习惯比意志力和动机更可靠。它让你走上正轨，帮助你控制冲动，延迟满足，把你的注意力集中在面前的挑战上，而不是屈服于诱惑。

假设你渴望每天晚上下班回到家后都去慢跑，如果你已经度过了漫长而艰难的一天，你会想在沙发上放松一下看看电视，但是假设你已经养成了每天一回家就穿上跑步服（运动鞋、运动短裤和T恤）的习惯，等这个习惯已经根深蒂固了，那么你就可以自然而然地坚持慢跑。有了这个习惯，你就能更好地抵制沙发和电视的诱惑，进行傍晚慢跑。

你的习惯使你在遇到挑战和复杂情况时更能坚持下去。养成好习惯，当你感到不舒服或有压力时，你就不会轻易地放弃。

第10步：庆祝小的胜利

我们倾向于关注最终的结果，例如，在大学里，你用GPA来定义成功；在工作中，你用是否得到了想要的晋升机会来定义成功；如果你想减肥，你就会关注是否达到了最终的目标体重。

你对最终结果的关注是很令人钦佩的，但是这往往是以忽略过程中较小的成功为代价的。当你遭遇挫折时，这些小成功是训练你的头脑继续前进的重要组成部分。

假设你为了减掉14千克体重而开始节食和锻炼。减肥是一项艰巨的任务，它消耗了你的注意力，当你在这条道路上跌跌撞撞地走着时，如果你吃了块糖或当天忘了训练，你可能因此对自己感到非常失望，以至于想要放弃你的目标，即你将注意力集中在终点线上。而你距离终点线还有很长一段距离，鉴于你的失误，你觉得这是不可能实现的。

但是假如你花时间去庆祝小的胜利，你会因为自己每周去健身房四天而夸夸自己，你会因为过去三天饮食都很健康而奖励自己（如看一部你期待的电影），你会因为成功抵制住了吃垃圾食品的冲动而允许自己看一集最喜欢的情景喜剧。

庆祝小的胜利会让你对想要达到的目标感觉充满希望，使你感到快乐。当你不舒服或遭遇压力时，无论是对于身体层面还是情感层面，这种反复的幸福感都能刺激你坚持到底，都会给你带来动力。

现在有了一个行动计划，当你面对不适和痛苦时，这十个步骤能让你开始磨炼自己的意志，并在这个过程中建立你的勇气、韧性和决心。接下来要做什么？一旦你具备了心理韧性，挑战就变成了如何维持它。如果你的生活并非总是遇到挫折、障碍和不幸，你刚刚培养的强大的内心就会像肌肉一样慢慢萎缩。我将在下一节中解决这个问题。

心理韧性保持指南

养成心理韧性要进行认知重组。在这个过程中，你会质疑所有消极与不确定的想法、态度和情绪。这有关于改变你看待世界的方式以及你在其中的位置。与其接受你对环境的下意识的反应，并相信它们是合理的，不如把它们放在显微镜下仔细观察一番。

认知重组不是一个一劳永逸的过程，至少在保持心理韧性的情况下不是这样的。这是一件令人沮丧的事情，你需要持续关注，定期监控你的想法，并对它们的有效性进行压力测试。

生活有时会让你轻松一点，不会给你制造大的挫折和磨难，一切运转良好。问题是心理韧性就像肌肉，如果你长时间不利用它，它就会出现萎缩。幸运的是，通过执行一个简单的精神锻炼养生法则，你很容易就能防止这种情况的发生。以下八个练习可以帮助你在生活没有心理和情绪压力的时候，依旧能够保持精神的强大。

八个保持和增强你心理韧性的练习

这些练习看上去影响甚微，操作都很简单，需要花费很少的时间就可以完成。但是不要低估它们整体的影响，如果你每天都做这些事，它们会对你处理思想和情绪的方式产生相当大的改变。

1. 练习简单的冥想

我说的冥想不是坐在水晶球前念咒语，也不是要加强你的慧根。这里只是说坐下来几分钟，闭上眼睛，集中注意力，关注自己的呼吸。你只需要专注于此刻。

简单的冥想可以让你与世界断开联系，让你从所有的截止日期、期望和其他压力源中得到短暂的放松，给了你一个喘息的机会。

这种做法是有科学依据的，因为这与大脑功能和心理韧性相关。研究表明，冥想可以触发前扣带皮层的活动增强，这是大脑中负责注意力调节、做出决策、控制冲动和情绪反应的区域。

你可以随时随地练习简单的冥想，只需要一点私人空间和5分钟的时间即可。如果你周围的环境很吵，你可以买一副便宜的耳机带上。

2. 问问你自己最坏的情况是什么

即使你的生活很好，一切都很顺利的时候，自我怀疑还是会悄悄地潜入其中。它会促使你开始怀疑你的决定，在行动之前会让你因为害怕犯错而犹豫。

自我怀疑是你心里自然而健康存在的一部分，它帮助你做出正确的决定，鼓励你尽最大的努力进行工作并保护你不受消极结果的影响。问题是它也会让你举步维艰，可以消耗你的思想，助长恐惧和优柔寡断，从而成为一种心理负担。

这个练习抵消了这种负面效应，当你发现自己犹豫不决而不是立即采取行动时，问问你自己：“如果我这样做了，最坏的结果是什么？”答案将揭示错误很少是灾难性的。我提醒你，你可以毫无畏惧地采取行动，相信这样做不会导致灾难。你越是经常这样做，面对不确定性时犹豫的可能性就越小。

3. 学会承担风险

冒险使你面临失败的风险，这可能是一种令人不安的感觉。但是失败也没什么可怕的，虽然需要付出代价，但这种代价很少是致命的。与此同时，冒险给了你宝贵的经验，也给了你享受特定回报的机会。你冒着风险换来想要的结果。

认知重组的一部分包括调整你对失败的看法。与其把它看作不惜一切代价避免的事情，不如学会接受它，把它当作一种因行动而潜在的危险一直存在的事。事实上，你应该学会预测失败。好处是你可以从失败中获取有价值的洞察力，这样你就知道了什么是有效的，什么是无效的。

每天都要冒点小风险。

假设你去了一个非常喜欢的餐厅，那么就点一份你从来没吃过的菜；如果你在健身房，就尝试用一个新的健身器材；如果你和朋友在一起，就以一种你觉得奇怪的方式来敞开心扉（如表达你对和他的友谊的感激）。这些小的风险可能会导致失败，但是不会有很严重的后果，在这个过程中你的大脑会逐渐不再害怕失败，取而代之的是把它当作一个学习和提高的机会。

4. 试着忽略那些超出你控制范围的事情

斯多葛学派（Stoics）是正确的，有些事情是你无法控制的，因此不应该为此消耗你的注意力。爱比克泰德（Epictetus），一位死于公元135年的希腊哲学家，曾在他的演讲中提到："生活中主要的任务很简单，就是识别和区分事物，这样你就能清楚地对自己说'这是不受我控制的外在事物，那是我实际能控制的与我有关的内在事物'。"

爱比克泰德是一个聪明人。

把时间和注意力花在你无法控制或影响的事情上是很浪费精力的。忽视这些东西会对你有利，解放了你的思想空间，这样你就可以专注于你可以真正改变的事情。

试着尝试一下下面的事情：

下次你在网上读东西（如任何与政治时事有关的读物）的时候，问问你自己："我对这件事情有多大的影响力？"如果答案是没有，那么就忽略它，继续做你的事。你会发现这样可以减少压力，节省精力，把精力分配到你可以改变的事情上，也许因此你可以睡得更好。此外，你会发现，你更容易控制你的情绪，而这正是心理韧性的重要组成部分。

5. 当你的意志力减弱时，专注你的目的

毫无疑问，你的待办事项清单上有些任务是你想推迟或完全不想做的。当你面对这些任务时，有时很难鼓起勇气去做，它们可能会让你感到不快，或者它们可能要求你放弃一项更有意义的活动（即使只是暂时的）。这样的话，你需要关注于自己为什么要完成这项任务。

假设你需要在公司完成一个重要的项目，这样做需要3个小时。你不想做，你宁愿花时间在网上。你需要提醒自己你需要完成这个项目，你的老板给你一个具体的截止日期了吗？如果你没有完成这个项目，你会不会因此不能参加另一个项目了？你的同事是否希望你能按时完成任务？这个简单的脑力训练可以在你缺乏意志力的时候激励你行动起来，专注于你的目标。通过专注于你的目标，或者说是为什么要做这件事情，会

激发你行动的动力。

这里有一个我自己的例子，虽然看上去有点傻，但确实是我生活中真实发生的例子：

我上高中的时候，班里有一个我很喜欢的女孩儿，我想引起她的注意。我知道她会弹摇滚吉他，就像任何一个年轻人那样。在这种情况下，我决定成为一个迷倒她的吉他演奏家。所以我坚持不懈地每天4:30起床练习，有很多次当我早晨醒来时都想继续睡，不想起床，但我会提醒自己不要忘了自己的目标。当我这样做之后，我就会撕下慵懒的面具，拿起吉他开始练习。

当你专注于你的目标时，你说服自己去做的事情就更能取得成效。

6. 让你内心的乐观主义者取代批评家

你内心的批评家是一个天生的悲观主义者，他所做的每一项声明都是愤世嫉俗和消极悲观的，当他特别不友善时，就可能会彻头彻尾地蔑视你。以下是内心的批评家喜欢抛出的一些可疑的言论：

- “你不够聪明。”

- “你很丑。”
- “你太胖了。”
- “没有人关心你。”
- “你把一切都搞砸了。”

听起来是不是很熟悉？没错，就是这些卑鄙又低能的声音。

我在“心理韧性和内在批评”那节花了很长时间来讨论如何平息批评家的声音，这里我要更进一步。我要用一个内在的乐观主义者来代替这个声音。

我讨论过的一个让你内心的批评家保持沉默的核心策略是，询问他做出这种毫无根据的声明的证据是什么，例如，你内心的批评家说“没有人关心你”，你应该正确地回应“证明一下你的说法”。仅仅这一点就能堵住你内心的批评家的嘴。

现在让我们更进一步，在这个例子的基础上，想想在你的生活中所有真正关心你的人。想想你的家人、朋友，甚至是你已经共事多年的同事，他们关心你，因为你是个好人，你是个值得信赖的人，你很负责任，也很有同理心，风趣幽默，很容易原谅别人。关键的是人们关心你是因为他们喜欢和你在一起。

这是一个用内心的乐观主义者取代内心的悲观主义者的例子。这样做会影响你对自己的看法，包括对周围世界产生积极影响的能力。

7. 要经常走出你的舒适区

我们倾向于坚持做熟悉的事情，一遍又一遍地去同一家餐厅。每当你花时间和朋友在一起的时候，你都会和他们一起参加同样的活动，很大程度上是因为你知道会发生什么，这会导致你处于不健康的关系中。不确定性总是让人很不舒服，大多数人都会尽可能地避免这种感觉。

问题是待在自己的舒适区会让你远离那些有价值的经历。如果你从不尝试新鲜事物，也不承担风险，就会剥夺自己成长的机会。如果你不断地把自己束缚在不确定性中，你就从来没有给自己一个机会来真正地培养心理韧性，在生活中意外的复杂情况下锻炼韧性。

即使在你养成了心理韧性之后，还是很容易屈服于这个坏习惯，没有人喜欢不舒服或者暴露在不确定性之中的感觉。你自然而然地喜欢可预测性，因为这样给你带来的风险较小。

但是当你想要保持坚强的心态时，这就是一个问题了，如上所说，心理韧性就像肌肉一样需要经常锻炼。我建议你找机会做一些走出舒适区之外的事情，习惯不确定性带来的不适，你会训练自己的思维去相信尝试不熟悉的事物并不会导致灾难的发生。相反，新的经历可以增长你的技能，提高你解决问题的能力，并增强你的信心，你可以克服遇到的任何障碍。

8. 测试你掌握新技能的能力

走出你的舒适区可以（也应该）让你学会新技能。通过这样做，你训练了自己的思想去相信没有什么是你学不会的，哪怕是掌控时间也可以学会。这一认识将增强你的心理韧性，防止它在没有压力的时候萎缩。

假设你从来没有做过一顿饭，那就从原材料和做一些能吃的东西开始着手。锻炼是非常有效的，这种感觉与你在厨房工作时缺乏熟悉感直接相关。现在，让我假设你已经决定了要走出舒适区去冒险，你要开始为自己做饭了。你发现你做得还不错，事实上是相当不错的。所以第二天晚上你又这样做了一顿饭。如此以往，你做得越多，就做得越好，最终你会掌握做饭的技能。

这是一个脱敏的过程，它给了你一个反复暴露在困境面前，面对恐惧的机会。在这个过程中，你掌握了一些曾经让你望而生畏的技能。结果呢？你不仅会获得一项新技能，还增强了信心，相信自己可以学会任何事情。当你面对逆境和不熟悉的环境时，这种信念能够增强你的决心。

保持心理韧性和养成心理韧性同样重要，这种心态会让你在生活的各个方面受益匪浅。既然如此，浪费这种肌肉，不给它用武之地就是一个悲剧，尤其是在你付出了艰苦的努力终于养成了心理韧性之后。

这些练习旨在帮助你保持肌肉的强壮。只要这样，当生活给你带来意想不到的挑战和障碍时，你就可以依靠心理韧性了。

关于养成心理韧性的最终思考

每个人都会遭遇挫折和不幸，这是不可避免的事，重要的是你如何应对它们。

你无法控制每天发生在你身上的大部分事情，但是你可以计划希望事情如何发展，创建详尽的待办事项清单，甚至演练你将遇到哪些问题并想出该如何应对。但最终你是盲目的。

当生活给你当头一棒时，困境让你偏离了计划。这时你只有两个选择，一是决心去适应环境，二是带着情绪回应问题。生活中每个领域的佼佼者都会选择前者。

这并不容易，没有人生来就有决心。没有人在出生时就具有情感控制和心理韧性的天赋。你要通过不断地经历挫折、压力和苦恼来习得这些事情。正如钢铁在烈火中得以炼成，你的思想也在逆境中得以磨砺。艰难困苦使你变得更加坚强。

本书的目标是精简并优化这个过程。你可以选择控制自己的进度，而不是让生活中不可预测的灾难来决定你心理韧性的发展程度。你可以自己驾驶自己的船。

这是值得庆祝的，很多人认为自己在精神上很坚强，但缺乏这种精神状态下的坚韧和毅力。还有很多人谈到想要精神变得强大起来时，他们甚至买了一两本讲述如何做到这一点的书，但从没有迈出过第一步。很多时候他们都没有读过购买的书，它们还只是放在书架上，或手机和电子阅读器里。

但你是不同的，你已经读过这本书了，做了这些练习。你已经在这个关键的领域为你的个人成长做出努力了。如果你继续运用在本书里学到的技巧和策略，你会发现它们会给你带来终身的回报。

毫无疑问，很快你的朋友们就会注意到你的思维方式的显著变化。你的朋友、爱人和同事甚至会受到你的鼓舞，以你为榜样，发展他们自己的心理韧性。

关于作者

达蒙·扎哈里亚德斯（Damon Zahariades）是一名受压迫的公司职员，在辞职之前，经受了多年冗余的会议、被迫与同事聊天、令人分心的工作环境的折磨。而如今，他不仅是时间管理和生产力类书籍的作者，还是生产力博客ArtofProductivity.com的领跑者。

达蒙和他美丽的、支持他的妻子及他们那只活泼的狗一起住在南加州。

相关阅读

本书通过18个练习来引导读者一步一步地完成一个完整的行动计划，从而扭转人们追求完美主义的冲动。

本书提出了有效的、经过时间考验的方法，以及可操作的建议，从而帮助读者在生活中做出积极、持久的改变。

反侵权盗版声明